くもんの小学ドリル

がんばり3年生
学習記ろく表

名前

1　2　3　4　8

JN028744

9　10　11　12　13　14　15　16

17　18　19　20　21　22　23　24

25　26　27　28　29　30　31　32

33　34　35　36　37　38　39　40

41　42　43　44　45　46　47　48

49

1さつぜんぶ終わったら、
ここに大きなシールを
はりましょう。

あなたは
「くもんの小学ドリル　算数　3年生文章題」を、
さいごまでやりとげました。
すばらしいです！
これからもがんばってください。

はじめ
時　　分
おわり
時　　分

むずかしさ
★

1　あめが28こありました。あきらさんがいくつか食べて，のこりが16こになりました。あきらさんはあめを何こ食べましたか。　〔10点〕

しき

答え

2　びんに入った牛にゅうが72本ありました。このうち，36本が売れました。牛にゅうは何本のこっていますか。　〔10点〕

しき

答え

3　たての長さが13cm 7 mm，横の長さが 9 cm 4 mmのカードがあります。たてと横の長さのちがいは，何cm何mmですか。　〔10点〕

しき

答え

4　シールが45まいありました。姉に 9 まい，妹に17まいあげました。のこったシールは何まいですか。　〔10点〕

しき

答え

5　1さつ140円のノートがあります。けしゴムは，ノートより65円安いそうです。けしゴムはいくらですか。　〔10点〕

しき

答え

©くもん出版

1

6 わなげをしました。かいとさんは156点，りおさんは88点でした。点数はどちらが何点多いですか。 〔10点〕

しき

答え

7 水がバケツに 3 L 3 dL 入っています。そこに， 1 L 4 dL の水をくわえると，バケツの中の水は，何 L 何dLになりますか。 〔10点〕

しき

答え

8 ただしさんは本を，きのうは67ページ読んで，きょうは81ページ読みました。ただしさんは本を， 2 日間であわせて何ページ読んだことになりますか。 〔10点〕

しき

答え

9 えんぴつが 6 本ずつ入ったはこが， 7 はこあります。えんぴつはぜんぶで何本ありますか。 〔10点〕

しき

答え

10 色紙が 1 色につき 7 まいずつ， 8 色あります。ぜんぶで色紙は何まいありますか。 〔10点〕

しき

答え

©くもん出版

2年生のふくしゅうだね。まちがったもんだいは，やりなおしておこう。

とく点

点

1　きょう，そうたさんは本を43ページ読みました。きのう読んだ分とあわせると，91ページになりました。きのうは，本を何ページ読みましたか。

〔10点〕

しき

答え

2　37円のおかしを買ったら，のこりが28円になりました。はじめにもっていたお金は何円ですか。

〔10点〕

しき

答え

3　すずめが木にとまっていました。17わとんでいきましたが，14わとんできたので，ぜんぶで32わになりました。はじめに木にとまっていたすずめは，何わでしたか。

〔10点〕

しき

答え

4　ノートが75さつあります。123人の子どもに，１人１さつずつノートをくばるには，あと何さつノートがいりますか。

〔10点〕

しき

答え

5　びんにジュースが３L６dL入っていました。みんなで２L４dLのみました。びんにのこったジュースは，何L何dLですか。

〔10点〕

しき

答え

©くもん出版

6 のぼるさんは, きょうまでに計算もんだいを56もんやりました。計算もんだいは, あと125もんのこっているそうです。計算もんだいは, ぜんぶで何もんありますか。 〔10点〕

しき

答え

7 はこの高さは27cm3mmです。また, 人形の高さは16cm5mmです。はこの上に人形をのせたとき, 全体の高さは何cm何mmになりますか。

〔10点〕

しき

答え

8 はじめ, そうこに, びんに入ったジュースが28本入っていました。きょう, 37本入れました。そうこに入っているジュースは, 何本になりましたか。

〔10点〕

しき

答え

9 たまごを1パックに8こずつつめたところ, ちょうど7パックできました。たまごはぜんぶで何こありますか。 〔10点〕

しき

答え

10 花だんのたての長さは, レンガ7このたての長さと同じです。レンガ1このたての長さは9cmです。花だんのたての長さは何cmですか。 〔10点〕

しき

答え

©くもん出版

まちがえたもんだいは, もういちどやりなおしてみよう。

とく点

点

1 240円のジュースと250円のコーラを買いました。あわせて何円ですか。

〔10点〕

しき

答え

2 だいきさんは，450円もっていました。きょう，お母さんから85円もらいました。だいきさんのもっているお金は，ぜんぶで何円になりましたか。

〔10点〕

しき

答え

3 ゆう園地に赤い花が135本，白い花が122本さいています。花はぜんぶで何本さいていますか。

〔10点〕

しき

答え

4 みさきさんは，450円のものがたりの本と680円のスケッチブックを買いました。あわせて何円ですか。

〔10点〕

しき

答え

5 はやとさんの学校には，3年生が178人，4年生が169人います。あわせて何人いますか。

〔10点〕

しき

答え

©くもん出版

6 はるかさんの組では，おりづるをきのう359わ，きょう486わおりました。ぜんぶで何わおりましたか。 〔10点〕

しき

答え

7 図書かんが，ものがたりの本1723さつと学しゅうの本175さつを買いました。買った本はぜんぶで何さつですか。 〔10点〕

しき

答え

8 きのう，えい画かんに来た人のうち，おとなは2452人でした。子どもはおとなより178人多かったそうです。子どもは何人来ましたか。 〔10点〕

しき

答え

9 ゆいとさんの学校が，いちごがりに行きました。いちごを，ゆいとさんの組は2486こ，ひとみさんの組は1359こつみました。つんだいちごは，あわせて何こになりますか。 〔10点〕

しき

答え

10 どんぐりひろいをしました。ことしは3573こ，きょねんは3428こひろいました。あわせて，何このどんぐりをひろいましたか。 〔10点〕

しき

答え

©くもん出版

たし算のもんだいだね。もんだいをよく読んで式をたてよう。

とく点　　　点

1　380ページのものがたりの本を，160ページ読みました。あと何ページのこっていますか。〔10点〕

しき

答え

2　そらさんの学校では，687人のうち，虫ばのある人は263人でした。虫ばのない人は何人ですか。〔10点〕

しき

答え

3　ななみさんは，シールを128まいもっています。妹に75まいあげると，のこりは何まいになりますか。〔10点〕

しき

答え

4　えいたさんの学校には，3年生が178人，4年生が169人います。どちらが何人多いですか。〔10点〕

しき

答え

5　まゆみさんは，800円もっています。245円のおみやげを買うと，のこりは何円になりますか。〔10点〕

しき

答え

©くもん出版

6 あめとガムがあわせて564こあります。そのうち、あめは296こあります。ガムは何こありますか。 〔10点〕

しき

答え

7 ゆう園地に赤い花が2678本、黄色い花が1253本さいています。赤い花と黄色い花の数のちがいは何本ですか。 〔10点〕

しき

答え

8 ちはるさんは、5000円さつを1まい出して3400円のぬいぐるみを買いました。おつりは何円ですか。 〔10点〕

しき

答え

9 ある日、ゆう園地にあそびに来た子どもは1264人で、おとなより268人多かったそうです。おとなは何人でしたか。 〔10点〕

しき

答え

10 とうまさんの町には、子どもが2783人、おとなが3782人住んでいます。どちらが何人多いですか。 〔10点〕

しき

答え

©くもん出版

ひき算のもんだいだね。まちがえたもんだいは、もういちどやりなおしてみよう。

とく点　　点

1　240ページのものがたりの本を，176ページ読みました。あと何ページの
こっていますか。　　　　　　　　　　　　　　　　　　　　　　　　〔10点〕

しき

答え

2　まおさんの学校には，3年生が175人，4年生が179人います。あわせて
何人いますか。　　　　　　　　　　　　　　　　　　　　　　　　〔10点〕

しき

答え

3　てんらん会にきのうは548人，きょうは497人来ました。あわせて何人来
ましたか。　　　　　　　　　　　　　　　　　　　　　　　　　　〔10点〕

しき

答え

4　しょうまさんは，3680円のセーターを買うことにしました。5000円さつ
を1まい出すと，何円のおつりがきますか。　　　　　　　　　　　〔10点〕

しき

答え

5　みずきさんの家では，かきが263ことれました。そのうち，185こをほし
がきにしました。ほしがきにしなかったかきは何こですか。　　　　〔10点〕

しき

答え

6 ゆう園地におきゃくさんが1264人いました。そのうち，866人が帰りました。何人のこっていますか。 〔10点〕

しき

答え

7 かのんさんの町には，3650人の人が住んでいます。そのうち，子どもは1760人です。おとなは何人いますか。 〔10点〕

しき

答え

8 はるとさんは，1260円の本と740円のまんがの本を買いました。本のだい金はあわせて何円ですか。 〔10点〕

しき

答え

9 たつおさんたちは，遠足でどうぶつ園に行くことになりました。1人のバスだいは1150円で，入園りょうは1980円だそうです。遠足のひ用は，1人何円になりますか。 〔10点〕

しき

答え

10 3600円のおこづかいのなかから，1970円のぬいぐるみを買いました。のこりは何円ですか。 〔10点〕

しき

答え

©くもん出版

まちがえたもんだいは，もういちどやりなおしてみよう。

とく点

点

1 さおりさんの家から学校までの道のりは300mです。学校から市やくしょまでの道のりは500mです。さおりさんの家から，学校を通って市やくしょまでの道のりは何mありますか。〔10点〕

しき　300m＋500m＝　　　　　　　答え

2 ゆうまさんの家から公園までの道のりは400mです。公園から図書かんまでの道のりは200mです。ゆうまさんの家から，公園を通って図書かんまでの道のりは何mありますか。〔10点〕

しき　　　　　　　　　　　　　　答え

3 しおりさんの家から学校までの道のりは500mです。しおりさんの家から本やさんまでの道のりは300mです。学校から本やさんまでの道のりは何mありますか。〔10点〕

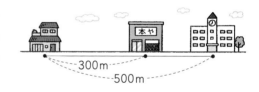

しき　　　　　　　　　　　　　　答え

4 わたるさんの家からえきまでの道のりは400mです。わたるさんの家から学校までの道のりは200mです。わたるさんの家からえきまでと，わたるさんの家から学校までの道のりのちがいは，何mですか。〔10点〕

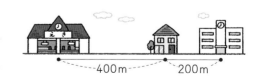

しき　　　　　　　　　　　　　　答え

5 あいりさんの家のまわりの地図を見て，答えなさい。　　〔1もん　10点〕

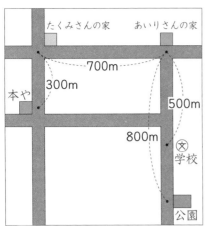

たくみさんの家　あいりさんの家
700m
300m
本や
500m
800m
㊒学校
公園

① あいりさんの家からたくみさんの家の前を通って，本やさんまでの道のりは何mですか。

しき

_____

答え
_____

② 学校から公園までの道のりは何mですか。

しき

_____

答え
_____

6 ひかるさんは，ハイキングに行きました。これまでに4km500m歩きました。目てき地まであと1km200mだそうです。ぜんぶで何km何m歩くことになりますか。　　〔10点〕

しき

_____　　**答え**_____

7 さきさんの家からおじさんの家まで，かた道800mあります。さきさんは，行きも帰りも歩きました。ぜんぶで何km何m歩きましたか。　　〔15点〕

しき

_____

_____

1000m＝1kmです。

答え
_____

8 つばささんは，2kmはなれたどうぶつ園まで歩いて行きました。これまでに1km200m歩きました。あと何mで，どうぶつ園につきますか。　〔15点〕

しき　2km － 1km200m ＝

_____

答え
_____

©くもん出版

1km＝1000mです。正しくおぼえておこう。

とく点　　点

1　ゆうかさんは，朝8時に家を出て，8時16分に学校につきました。家を出てから学校につくまでにかかった時間は何分ですか。　〔10点〕

答え　16　分

家を出る　　　　学校につく

8時　　　　　8時16分

2　あやとさんは，午前9時に家を出て，午前9時28分にえきにつきました。家を出てからえきにつくまでにかかった時間は何分ですか。　〔10点〕

答え　□　分

9時　　　　　9時28分

3　みさきさんは，午前10時30分から午前11時までなわとびをしました。なわとびをした時間は何分ですか。　〔10点〕

答え　　　　分

4　そうたさんは，午後2時25分から午後2時50分まで本を読みました。本を読んだ時間は何分ですか。　〔10点〕

答え

©くもん出版

5 さくらさんは, 午前6時15分から午前6時55分まで犬のさんぽをしました。犬のさんぽにかかった時間は何分ですか。 〔10点〕

答え

6 ひろとさんは, 午後5時15分に買いものに出かけました。家に帰って時計を見ると, ちょうど午後6時でした。買いものにかかった時間はどれだけですか。 〔10点〕

答え

7 午前9時50分から算数のべんきょうをはじめ, 午前10時におわりにしました。算数のべんきょうにかかった時間はどれだけですか。 〔10点〕

答え

8 午前9時50分から算数のべんきょうをはじめ, 午前10時10分におわりにしました。算数のべんきょうにかかった時間はどれだけですか。 〔10点〕

答え

9 午前9時50分から算数のべんきょうをはじめ, 午前10時20分におわりにしました。算数のべんきょうにかかった時間はどれだけですか。 〔10点〕

答え

10 みおさんは, 午後4時20分から午後5時10分までバイオリンのれんしゅうをしました。バイオリンのれんしゅうにかかった時間はどれだけですか。 〔10点〕

答え

まちがえたもんだいは, 時計をよく見てやりなおしてみよう。 とく点

点

1 ゆうまさんは，公園で午後4時から午後5時まであそびました。ゆうまさんがあそんだ時間はどれだけですか。 〔10点〕

はじめ　　　　　おわり

4時　　　　　　5時

答え □ 時間

2 はなさんは，午前9時から午前11時まで絵をかきました。はなさんが絵をかいていた時間はどれだけですか。 〔10点〕

9時　　　　　　11時

答え □ 時間

3 いつきさんは，お母さんと午前9時に家を出て，デパートに行きました。家にもどって時計を見ると，午前12時（正午）でした。家を出てから帰るまでの時間はどれだけですか。 〔10点〕

答え _____ 時間

4 かおりさんは，えい画を見に午前8時に家を出ました。帰ってきたのは午前12時でした。家を出てから帰るまでの時間はどれだけですか。 〔10点〕

答え _____

©くもん出版

15

5 　かなたさんたちは遠足に行きました。おべんとうを食べたのは午前12時（正午）から午後 1 時まででした。おべんとうを食べた時間はどれだけですか。 〔10点〕

答え

6 　あるおいしゃさんは，午前12時から午後 2 時までが昼休みです。このおいしゃさんの昼休みの時間はどれだけですか。 〔10点〕

答え

7 　妹は，午前 9 時から午前12時までようち園に行っています。妹がようち園に行っている時間はどれだけですか。 〔10点〕

答え

8 　弟は，午前 9 時から午後 1 時までようち園に行っています。弟がようち園に行っている時間はどれだけですか。 〔10点〕

答え

9 　妹は，午前 9 時から午後 2 時までようち園に行っています。妹がようち園に行っている時間はどれだけですか。 〔10点〕

答え

10 　ゆづきさんは，午前 8 時から午後 3 時まで海にいました。海にいた時間はどれだけですか。 〔10点〕

答え

©くもん出版

まちがえたもんだいは，時計をよく見てやりなおしてみよう。 とく点

点

月　日　名前

1　あさひさんは，家を午前8時に出て，15分間歩いて学校につきました。学校についた時こくは午前何時何分ですか。　〔10点〕

家を出る　　　　　学校につく

8時　　　　　8時15分

答え　午前　8　時　15　分

2　かえでさんは，午後4時から45分間べんきょうをしました。べんきょうをおえた時こくは午後何時何分ですか。　〔10点〕

4時

答え　午後　　　時　　　分

3　はるとさんは，午後3時20分から30分間なわとびをしました。なわとびをおえた時こくは午後何時何分ですか。　〔10点〕

3時20分

答え　午後　　時　　分

4　ゆいなさんは，午前10時40分から15分間へやのそうじをしました。そうじをおえた時こくは午前何時何分ですか。　〔10点〕

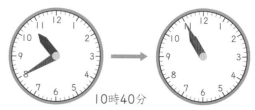

10時40分

答え

5　まさおさんは，午前9時20分から40分間さんぽをしました。さんぽをおえた時こくは午前何時ですか。　〔10点〕

答え

6　あかりさんは，午前10時40分から20分間読書をしました。読書をおえた時こくは午前何時ですか。　〔10点〕

答え

7　あかりさんは，午前10時40分から30分間読書をしました。読書をおえた時こくは午前何時何分ですか。　〔10点〕

答え

8　あかりさんは，午前10時40分から40分間読書をしました。読書をおえた時こくは午前何時何分ですか。　〔10点〕

答え

9　そうまさんは，午後4時50分から30分間自てん車にのってあそびました。あそびをおえた時こくは午後何時何分ですか。　〔10点〕

答え

10　家からえきまで歩くと40分かかります。午前9時40分に家を出ると，えきにつく時こくは午前何時何分ですか。　〔10点〕

答え

©くもん出版

まちがえたもんだいは，時計をよく見てやりなおしてみよう。

とく点　　　点

時こくと時間 ④

月　日　名前

1　だいちさんは，家からえきまで歩くと10分かかります。午前9時にえきにつくようにするには，家を午前何時何分に出たらよいですか。〔10点〕

出る　　　　　　つく

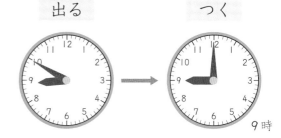

9時

答え　午前8時50分

2　家から図書かんまで歩いて15分です。午前10時に図書かんにつくようにするには，家を午前何時何分に出たらよいですか。〔10点〕

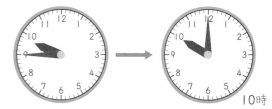

10時

答え

3　30分間読書をしたら，午後4時50分になりました。読書をはじめた時こくは午後何時何分ですか。〔10点〕

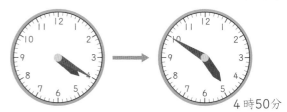

4時50分

答え

4　あけみさんは，30分間ピアノのれんしゅうをします。午後4時30分にれんしゅうがおわるようにするには，午後何時にれんしゅうをはじめればよいですか。〔10点〕

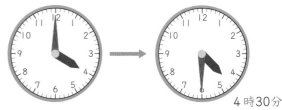

4時30分

答え

5 ゆうとさんは，20分間ローラースケートをしてあそびました。あそびをおえた時こくは午後3時30分だそうです。ローラースケートをはじめた時こくは午後何時何分ですか。 〔10点〕

答え

6 ひかりさんは，家を出てから20分かかって，えきに午後3時20分につきました。ひかりさんが家を出た時こくは午後何時ですか。 〔10点〕

答え

7 ひかりさんは，家を出てから30分かかって，えきに午後3時20分につきました。ひかりさんが家を出た時こくは午後何時何分ですか。 〔10点〕

答え

8 ひかりさんは，家を出てから40分かかって，えきに午後3時20分につきました。ひかりさんが家を出た時こくは午後何時何分ですか。 〔10点〕

答え

9 たかしさんは，学校に午前8時10分につきました。家を出てから30分かかったそうです。たかしさんが家を出た時こくは午前何時何分ですか。〔10点〕

答え

10 いまは午後2時10分です。ひこうきはいまから25分前にとびたちました。ひこうきがとびたった時こくは午後何時何分ですか。 〔10点〕

答え

©くもん出版

答えをかきおわったら，見なおしをしよう。まちがいが少なくなるよ。

とく点　　点

時こくと時間 ⑤

月　日　名前

1　すずさんは，学校から帰って30分ピアノのれんしゅうをしたあと，20分かん字のれんしゅうをしました。時間はあわせて何分ですか。　〔10点〕

答え ▶

2　れんさんは，家から15分歩いたところでわすれものに気づき，10分走って家にもどりました。家を出てから家にもどるまでにかかった時間は何分ですか。　〔10点〕

答え ▶

3　かんなさんは，どうわの本をきのうは25分，きょうは35分読みました。読んだ時間はあわせてどれだけですか。　〔10点〕

答え ▶

4　ゆうきさんは，きのう40分，きょう18分しゅくだいをしました。しゅくだいをした時間はあわせてどれだけですか。　〔10点〕

答え ▶

5　ももかさんは，公園ではじめになわとびを15分して，そのあとボールで35分あそびました。公園であそんだ時間はあわせてどれだけですか。〔10点〕

答え ▶

6 お母さんは，買いものを30分したあと，りょうりを40分しました。時間はあわせて何時間何分ですか。　　〔10点〕

答え

7 しょうたさんは，バスに35分のり，電車に45分のりました。のりものにのっていた時間はあわせて何時間何分ですか。　　〔10点〕

答え

8 ゆいさんは，公園で50分あそび，そのあとはるきさんの家で30分あそびました。あそんだ時間はぜんぶで何時間何分ですか。　　〔10点〕

答え

9 こはるさんは，さんぽを20分したあと，45分べんきょうをしました。時間はあわせて何時間何分ですか。　　〔10点〕

答え

10 あおいさんは，おふろに25分入ったあと，50分テレビをみました。時間はあわせて何時間何分ですか。　　〔10点〕

答え

©くもん出版

60分＝1時間だね。まちがえたもんだいは，もういちどやりなおしてみよう。

とく点　　点

22

1 みつきさんは，池のまわりを2しゅう走りました。1しゅう目は30秒，2しゅう目は25秒かかりました。2しゅう走るのに何秒かかりましたか。

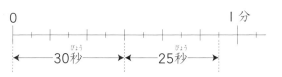

〔10点〕

30秒＋25秒＝55秒
と計算してもいいよ。

答え

2 すばるさんは，50mおよぎました。はじめの25mは26秒，つぎの25mは28秒かかりました。50mおよぐのに何秒かかりましたか。　〔10点〕

答え

3 あかりさんは，公園まで走っておうふくしました。行きは46秒，帰りは52秒かかりました。行きと帰りにかかった時間は，何秒のちがいがありますか。　〔10点〕

答え

4 25mをおよぐのに，ようたさんは32秒かかり，すすむさんは34秒かかりました。どちらが何秒はやくおよぎましたか。　〔15点〕

答え

©くもん出版

5 あらたさんは，家のまわりを2しゅう走りました。1しゅう目は30秒，2しゅう目は35秒かかりました。2しゅう走るのにかかった時間は何分何秒ですか。　〔10点〕

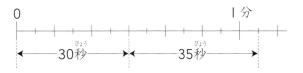
1分＝60秒です。

0　　　　　　　　　　　　　　1分
├─30秒─┤─35秒─┤

答え

6 なつきさんは，公園のまわりを2しゅう走りました。1しゅう目は48秒，2しゅう目は54秒かかりました。2しゅう走るのにかかった時間は何分何秒ですか。　〔10点〕

答え

7 ほのかさんは，家から学校までを5分30秒で歩き，さらに学校からえきまでを4分45秒で歩きました。ほのかさんが，家からえきまで歩くのにかかった時間はどれだけですか。　〔10点〕

答え

8 池のまわりを1しゅうするのに，さとるさんは1分8秒かかりました。ただおさんは，さとるさんより10秒はやく走ったそうです。ただおさんは，1しゅうするのに何秒かかりましたか。　〔10点〕

答え

9 公園のまわりを走るのに，ゆうたさんは4分6秒，けんとさんは3分52秒かかりました。走った時間は，どちらがどれだけ長くかかりましたか。　〔15点〕

答え

©くもん出版

60秒＝1分だね。まちがえたもんだいは，もういちどやりなおしてみよう。

とく点　　点

24

1 重さ100ｇ（グラム）のかごに，みかんを500ｇ入れました。全体の重さは，何ｇですか。〔10点〕

しき

| 入れものの重さ | | みかんの重さ | | 全体の重さ |
| 100ｇ | ＋ | 500ｇ | ＝ | 600ｇ |

答え

2 重さ150ｇのかごに，たまごを700ｇ入れました。全体の重さは，何ｇですか。〔10点〕

しき

答え

3 しょうたさんのグループは，工作で，赤いねん土を4kg（キログラム），白いねん土を8kgつかいました。ぜんぶでねん土を何kgつかいましたか。〔10点〕

しき　4 kg ＋ 8 kg ＝

答え

4 重さ1kg200ｇのはこに，りんごを2kg500ｇ入れました。全体の重さは，何kg何ｇになりますか。〔10点〕

しき　1 kg 200 g ＋ 2 kg 500 g

答え

5 重さ500ｇのかごに，2kg300ｇのみかんを入れました。全体の重さは，何kg何ｇになりますか。〔10点〕

しき

答え

6 100gのかごにたまごを入れて重さをはかったら，全体の重さが480gでした。たまごだけの重さは，何gですか。 〔10点〕

しき

全体の重さ		入れものの重さ		たまごの重さ
480g	−	100g	=	380g

答え

7 250gのかんに，さとうが入っています。全体の重さをはかったら，420gでした。さとうだけの重さは，何gですか。 〔10点〕

しき

答え

8 赤いねん土が4kg，白いねん土が6kgあります。重さのちがいは，何kgですか。 〔10点〕

しき 6kg − 4kg =

答え

9 りんごが3kg400g，みかんが1kg100gあります。りんごとみかんの重さのちがいは，何kg何gですか。 〔10点〕

しき 3kg400g − 1kg100g =

答え

10 重さ300gのかごにくりを入れて重さをはかったら，全体の重さが2kg500gになりました。くりだけの重さは，何kg何gですか。 〔10点〕

しき

答え

©くもん出版

gとkgをまちがえないように計算しよう。

とく点　　　点

1 重さ250gのかごに，800gのみかんを入れました。全体の重さは，何kg何gになりますか。　〔10点〕

しき　250g＋800g＝1050g

1050g＝　　　kg　　　g

1000g＝1kgです。

答え

2 重さ350gの本と780gの本があります。2さつあわせた重さは，何kg何gですか。　〔10点〕

しき

答え

3 重さ500gのはこに，りんごを3kg700g入れました。全体の重さは，何kg何gですか。　〔15点〕

しき　500g＋3kg700g＝4kg　　　g

答え

4 重さ1kg300gの米と2kg900gの米があります。あわせて，何kg何gになりますか。　〔15点〕

しき

答え

©くもん出版

5 重さ2t（トン）の岩と，8tの岩があります。あわせた重さは，何tになりますか。 〔10点〕

しき $2t+8t=10t$

答え

---

6 重さ3t500kgのトラックに，2tのにもつをのせました。全体の重さは，何t何kgですか。 〔10点〕

しき

答え

---

7 重さ400kgの馬と，600kgの牛がいます。あわせた重さは，何tになりますか。 〔15点〕

しき $400kg+600kg=1000kg$

 1000kg＝1t です。

答え

---

8 重さ250kgの台に，800kgの土をのせました。全体の重さは，何t何kgですか。 〔15点〕

しき

答え

©くもん出版

1kg＝1000g，1t＝1000kgだね。
g，kg，tの大きさを考えて計算しよう。

とく点　　点

1 右の図のように，$\frac{1}{5}$mのテープと$\frac{2}{5}$mのテープをならべました。全体の長さは，何mになりますか。〔10点〕

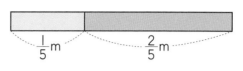

しき　$\frac{1}{5}+\frac{2}{5}=\frac{3}{5}$

答え　$\frac{3}{5}$m

2 りつさんの家では，牛にゅうを朝$\frac{1}{4}$L，夜$\frac{2}{4}$Lのみました。ぜんぶで何Lのみましたか。〔10点〕

しき

答え

3 すみれさんは，リボンをきのう$\frac{3}{8}$m，きょう$\frac{4}{8}$mつかいました。つかったリボンの長さは，あわせて何mですか。〔10点〕

しき

答え

4 いちかさんは，毛糸でひもをあんでいます。これまでに$\frac{3}{5}$mあみました。きょうまた，$\frac{2}{5}$mあみました。ひもの長さは，何mになりましたか。〔10点〕

しき $\frac{5}{5}=1$

答え

5 ひまりさんは，リボンを$\frac{1}{6}$mつかいましたが，まだ$\frac{4}{6}$mのこっています。はじめにリボンは，何mありましたか。〔10点〕

しき

答え

©くもん出版

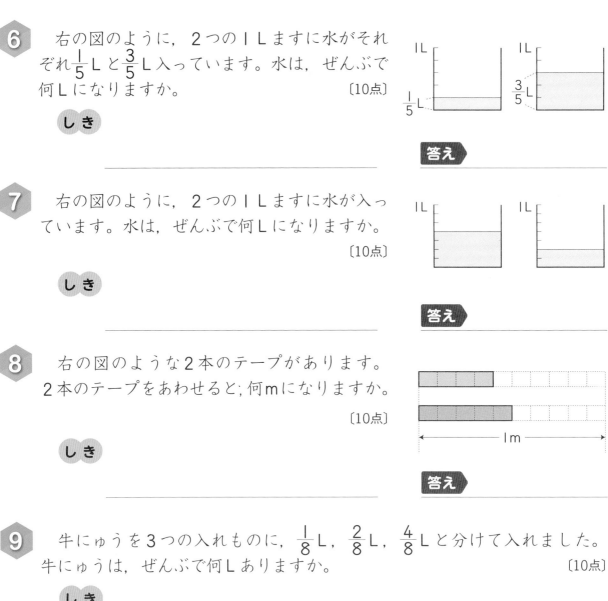

6 　右の図のように，２つの１Lますに水がそれぞれ$\frac{1}{5}$Lと$\frac{3}{5}$L入っています。水は，ぜんぶで何Lになりますか。　　　　　　　　〔10点〕

しき

答え

7 　右の図のように，２つの１Lますに水が入っています。水は，ぜんぶで何Lになりますか。　　　　　　　　〔10点〕

しき

答え

8 　右の図のような２本のテープがあります。２本のテープをあわせると，何mになりますか。　　　　　　　〔10点〕

しき

答え

9 　牛にゅうを３つの入れものに，$\frac{1}{8}$L，$\frac{2}{8}$L，$\frac{4}{8}$Lと分けて入れました。牛にゅうは，ぜんぶで何Lありますか。　　　　　　　　〔10点〕

しき

答え

10 　長いテープがあります。そのうち，あんなさんに$\frac{1}{10}$m，りんかさんに$\frac{3}{10}$m，つむぎさんに$\frac{5}{10}$mあげました。３人にあげたテープの長さは，ぜんぶで何mになりますか。　　　　　　　　〔10点〕

しき

答え

©くもん出版

　　分数のたし算のもんだいだね。まちがえたら，もういちどやってみよう。

とく点

点

1 竹のぼうが $\frac{3}{5}$ m あります。そのうち，$\frac{1}{5}$ m を工作でつかいました。竹のぼうは，何mのこっていますか。　〔10点〕

しき $\frac{3}{5} - \frac{1}{5} = \frac{2}{5}$

答え

2 牛にゅうが $\frac{7}{8}$ L あります。きょう，$\frac{4}{8}$ L のみました。牛にゅうは，何Lのこっていますか。　〔10点〕

しき

答え

3 牛にゅうパックが2つあります。1つには $\frac{7}{10}$ L，もう1つには $\frac{4}{10}$ L 入っています。2つのパックに入っている牛にゅうのりょうのちがいは，何Lですか。　〔10点〕

しき

答え

4 赤いテープが $\frac{4}{9}$ m，青いテープが $\frac{6}{9}$ m あります。2本のテープの長さのちがいは，何mですか。　〔10点〕

しき

答え

5 ひまわりの高さは $\frac{8}{9}$ m，ゆりの高さは $\frac{6}{9}$ m です。高さのちがいは，何mですか。　〔10点〕

しき

答え

6 ひまわりの高さは $\frac{8}{9}$ m，ゆりの高さは $\frac{6}{9}$ m です。どちらが何m高いですか。

〔10点〕

しき

答え

7 りょうりで，しょうゆを $\frac{5}{7}$ L，あぶらを $\frac{1}{7}$ L つかいました。どちらを何L多くつかいましたか。

〔10点〕

しき

答え

8 長さ1mの木のいたがあります。そのいたで船を作ったら，$\frac{1}{4}$ m のこりました。つかったいたの長さは，何mですか。

〔10点〕

しき

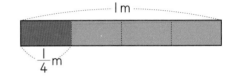

答え

9 オレンジジュースが1Lあります。りんごジュースは，オレンジジュースより $\frac{1}{7}$ L 少ないそうです。りんごジュースは，何Lありますか。

〔10点〕

しき

答え

10 あぶらが1Lあります。ドレッシングをつくるのに $\frac{1}{8}$ L，てんぷらをあげるのに $\frac{6}{8}$ L つかいました。あぶらは，何Lのこっていますか。

〔10点〕

しき

答え

©くもん出版

分数のひき算のもんだいだね。まちがえたら，もういちどやりなおしてみよう。

とく点

点

1 オレンジジュースがびんに0.4L，コップに0.1L入っています。オレンジジュースは，あわせて何Lありますか。　〔10点〕

しき

0.4＋0.1＝0.5　　**答え** 0.5L

2 赤いテープが0.4m，黄色いテープが0.5mあります。あわせて何mになりますか。　〔10点〕

しき

答え

3 ひなたさんは，牛にゅうを0.2Lのみました。さとしさんは，ひなたさんより0.1L多くのみました。さとしさんは，牛にゅうを何Lのみましたか。　〔10点〕

しき

答え

4 れいなさんは，毛糸でひもをあんでいます。きのうまでに0.7mあみました。きょうは，0.2mあみました。ひもの長さは，何mになりましたか。　〔10点〕

しき

答え

5 2つの1Lますに，水がそれぞれ，0.3Lと0.7L入っています。水は，あわせて何Lありますか。　〔10点〕

しき

答え

©くもん出版

6 工作で，赤いテープを0.5m，白いテープを0.8mつかいました。テープをぜんぶで何mつかいましたか。 〔10点〕

しき

答え

7 リボンを2mつかいました。まだ，リボンは1.8mのこっています。はじめに，リボンは何mありましたか。 〔10点〕

しき

答え

8 きのう，ひまわりのめの高さをはかったら，3.2cmありました。きょう，はかったら，0.6cmのびていたそうです。ひまわりのめの高さは，何cmになりましたか。 〔10点〕

しき

答え

9 あつさ3cmの本の上に，あつさが2.5cmと2.8cmの本をつみました。3さつ分のあつさは，何cmになりますか。 〔10点〕

しき

答え

10 さとうを3つの入れものに，1.2kgと0.8kgと0.5kgと分けて入れました。さとうは，ぜんぶで何kgありますか。 〔10点〕

しき

答え

©くもん出版

小数のたし算のもんだいだね。まちがえたら，もういちどやりなおしてみよう。

とく点

点

1 0.9mのゴムひものうち, 0.4mをつかいました。ゴムひもは, 何mのこっていますか。　〔10点〕

しき

0.9−0.4＝

答え

2 牛にゅうが0.8Lあります。そのうち0.2Lをのみました。牛にゅうは, 何Lのこっていますか。　〔10点〕

しき

答え

3 さとうが1.2kgあります。そのうち0.4kgつかいました。さとうは, 何kgのこっていますか。　〔10点〕

しき

答え

4 ジュースが1.5L, 牛にゅうが0.8Lあります。ちがいは何Lですか。　〔10点〕

しき

答え

5 赤いテープが0.7m, 白いテープが1.2mあります。ちがいは何mですか。　〔10点〕

しき

答え

©くもん出版

6 赤いテープの長さは1.4m，青いテープの長さは0.9mです。どちらが何m長いですか。 〔10点〕

しき

答え

7 あぶらがびんに0.7kg，かんに1.5kg入っています。どちらに何kg多く入っていますか。 〔10点〕

しき

答え

8 赤いえんぴつの長さは9.6cmです。青いえんぴつは，赤いえんぴつより1.4cmみじかいそうです。青いえんぴつの長さは，何cmですか。 〔10点〕

しき

答え

9 しょうゆが4dLありました。りょうりにいくらかつかったので，のこりが2.5dLになりました。つかったしょうゆは，何dLですか。 〔10点〕

しき

答え

10 水とうよりも1.3L多く水が入るやかんがあります。このやかんには，水が2.1L入ります。水とうには，水が何L入りますか。 〔10点〕

しき

答え

©くもん出版

小数のひき算のもんだいだね。まちがえたら，もういちどやりなおしてみよう。

とく点

点

36

小数の重さのもんだい

むずかしさ
★ ★ ★

はじめ 〉〉
時　　分
〉〉 おわり
時　　分

1 重さ200gの入れものに，1kgの肉を入れました。全体の重さは，何kgになりますか。　　　　　　　　　　　　　　　　　　　　　　　　　　　　〔10点〕

しき

200g＝0.2kg

0.2kg＋1kg＝

答え

1000g＝1kg
100g＝0.1kg です。

2 重さ800gのはこに，すなを4kg入れました。全体の重さは，何kgですか。　　　　　　　　　　　　　　　　　　　　　　　　　　　　　　　〔10点〕

しき

800g＝0.8kg

答え

3 300gのうえ木ばちに，土を2.5kg入れました。全体の重さは，何kgですか。　　　　　　　　　　　　　　　　　　　　　　　　　　　　　　　〔15点〕

しき

300g＝0.3kg

0.3kg＋2.5kg＝

答え

4 重さ1.6kgのメロンと，200gのバナナがあります。あわせた重さは，何kgですか。　　　　　　　　　　　　　　　　　　　　　　　　　　　〔15点〕

しき

答え

5 3.6kgのこむぎこに，500gのさとうをまぜました。全体の重さは，何kg ですか。　　　　　　　　　　　　　　　　　　　　　　　　　　　　　〔10点〕

しき

答え

6 重さ1tの台に，200kgの馬をのせました。全体の重さは，何tですか。
　　　　　　　　　　　　　　　　　　　　　　　　　　　　　　　　　〔10点〕

しき

200kg＝0.2t

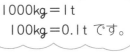 1000kg＝1t
100kg＝0.1t です。

1t＋0.2t＝

答え

7 重さ600kgの岩と，1.3tの岩があります。あわせた重さは，何tですか。
　　　　　　　　　　　　　　　　　　　　　　　　　　　　　　　　　〔15点〕

しき

600kg＝0.6t

答え

8 重さ700kgの牛と，5.4tのぞうがいます。あわせた重さは，何tですか。
　　　　　　　　　　　　　　　　　　　　　　　　　　　　　　　　　〔15点〕

しき

700kg＝

答え

©くもん出版

まちがえたもんだいは，もういちどやりなおしてみよう。

とく点

点

1 1たば30円の色紙を4たば買います。だい金は何円になりますか。〔10点〕

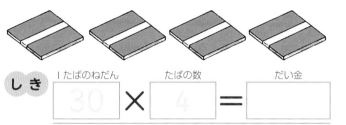

しき

1たばのねだん		たばの数		だい金
30	×	4	=	

答え ＿＿＿＿＿＿＿

2 1本60円のえんぴつを3本買います。だい金は何円になりますか。〔10点〕

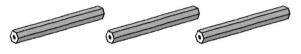

しき

1本のねだん		えんぴつの数		だい金
	×		=	

答え ＿＿＿＿＿＿＿

3 1こ50円のけしゴムを4こ買います。だい金は何円になりますか。〔10点〕

しき

答え ＿＿＿＿＿＿＿

4 1さつ800円の本を3さつ買います。だい金は何円になりますか。〔10点〕

しき

答え ＿＿＿＿＿＿＿

5 みかんが4こずつ入ったふくろが10あります。みかんは，ぜんぶで何こありますか。〔10点〕

しき

1ふくろのみかんの数		ふくろの数		ぜんぶの数
	×		=	

答え ＿＿＿＿＿＿＿

6 １つに５人すわれる長いすが10あります。ぜんぶで何人すわれますか。

〔10点〕

しき

答え

7 １本25円の竹ひごを30本買いました。だい金は何円になりますか。〔10点〕

しき

答え

8 りんごのはこが12はこあります。どのはこにも、りんごが30こずつ入っているそうです。りんごは、ぜんぶで何こありますか。

〔10点〕

しき

１はこのりんごの数		はこの数		ぜんぶの数
	×		=	

答え

9 水そうに、バケツで16はいの水を入れました。バケツ１ぱいの水は45dLです。水そうに入れた水は何dLですか。

〔10点〕

しき

答え

10 １こ95円のかんづめを21こ買いました。だい金は何円になりますか。

〔10点〕

しき

答え

©くもん出版

かけ算をつかってとくもんだいだね。もんだいをよく読んで、式と答えをかこう。

とく点

点

1 工作で竹ひごを1人8本ずつつかいます。30人のクラスでは，竹ひごを何本用いすればよいですか。〔10点〕

しき
1人分の本数　8　×　人数　□　=　ぜんぶの本数　□

答え

2 きくの花を6本で1たばにします。40たばをつくるには，きくの花は何本いりますか。〔10点〕

しき
1たばの本数　□　×　たばの数　□　=　ぜんぶの本数　□

答え

3 いちごを1人に5こずつくばります。32人のクラスでは，いちごを何こ用いすればよいですか。〔10点〕

しき

答え

4 1こ20円のガムを18こ買うことになりました。だい金は，ぜんぶで何円になりますか。〔10点〕

しき

答え

5 工作のざいりょうひとして，1人65円ずつあつめます。37人分では，何円になりますか。〔10点〕

しき

答え

©くもん出版

6 りくさんの学校の子どもの数は36人です。げんこう用紙を1人に5まいずつくばると，げんこう用紙は，何まいひつようですか。 〔10点〕

しき

1人分のまい数		人　数		ぜんぶのまい数
5	×		=	

答え

7 りんごを6こ買います。1こ85円のりんごを買うと，だい金はぜんぶで何円になりますか。 〔10点〕

しき

1このねだん		こ　数		だい金
	×		=	

答え

8 あおいさんのクラスは33人です。山のぼりに行くため，ケーブルカーのだい金を1人80円ずつあつめます。ぜんぶで何円になりますか。 〔10点〕

しき

答え

9 ゆづきさんのクラスで，遠足に行くことになりました。おやつだいは1人285円です。29人分では何円になりますか。 〔10点〕

しき

答え

10 工作でひもをつかいます。長いひもを75cmずつに切ったら，ちょうど32本できました。ひもは，ぜんぶで何mありましたか。 〔10点〕

しき

答え

©くもん出版

もんだいをよく読んで，正しい式をかくことが大切だよ。

とく点

点

1 あめを4こずつ入れたふくろを，2ふくろずつ5人にくばります。あめは，ぜんぶで何こいりますか。　〔10点〕

しき

1ふくろのこ数		1人のふくろの数		人数		ぜんぶの数
4	×	2	×	5	=	

答え

2 みかんを5こずつ入れたふくろを，3ふくろずつ3人にくばります。みかんは，ぜんぶで何こいりますか。　〔10点〕

しき

答え

3 1こ70円のおかしが，5こずつ入ったはこがあります。2はこ買うと，だい金は何円になりますか。　〔15点〕

しき

1このねだん		1はこの数		はこの数		だい金
70	×		×		=	

答え

4 1本50円のえんぴつが，4本ずつふくろに入っています。12ふくろ買うと，だい金は何円になりますか。　〔15点〕

しき

答え

©くもん出版

5 大中小の３しゅるいのはこがあります。小のはこにはケーキが４こ入ります。中のはこには小の６倍，大のはこには中の３倍入ります。大のはこにはケーキが何こ入りますか。　　　　　　　　　　　　　〔10点〕

しき

小に入る数		中が小の何倍		大が中の何倍		大に入る数
4	×	6	×	3	=	

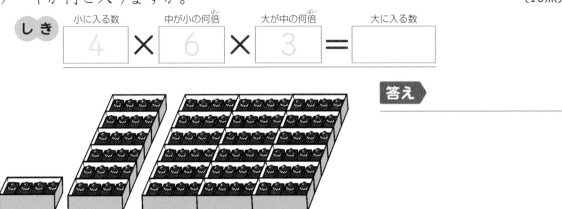

答え

6 いろはさんは，毛糸でひもを８cmあみました。めいさんは，いろはさんの２倍，ひなさんは，めいさんの３倍の長さのひもをあみました。ひなさんは，ひもを何cmあみましたか。　　　　　　　　　　　　　〔10点〕

しき

答え

7 そうすけさんは，かぜのくすりを１回に３こずつ，１日に３回のみます。４日間では何このむことになりますか。　　　　　　　　　　　　　〔15点〕

しき

答え

8 ゆうなさんは，かぜをひいたので，くすりを１回に４こずつ，１日に３回のみます。14日間では何このむことになりますか。　　　　　　　　　　　　　〔15点〕

しき

答え

©くもん出版

どれを先に計算するとかんたんにできるか考えよう。

とく点　　点

1 あめ6こを，2人で同じ数ずつ分けると，1人分は何こになりますか。

〔10点〕

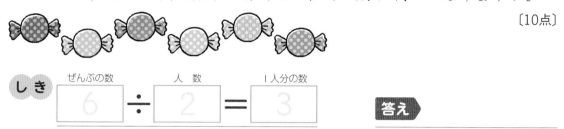

しき
ぜんぶの数		人 数		1人分の数
6	÷	2	=	3

答え

2 8まいの色紙を，2人で同じ数ずつ分けると，1人分は何まいになりますか。

〔10点〕

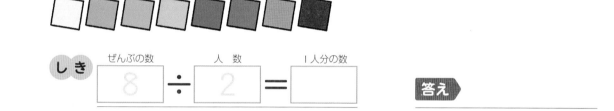

しき
ぜんぶの数		人 数		1人分の数
8	÷	2	=	

答え

3 6本のえんぴつを，3人で同じ数ずつ分けると，1人分は何本になりますか。

〔10点〕

しき
ぜんぶの数		人 数		1人分の数
6	÷		=	

答え

4 あめ12こを，3つのふくろに同じ数ずつ入れると，1ふくろには何こ入れればよいですか。

〔10点〕

しき
ぜんぶの数		ふくろの数		1ふくろのあめの数
	÷		=	

答え

5 えんぴつが15本あります。これを3人で同じ数ずつ分けます。1人分は何本になりますか。 〔10点〕

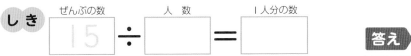

しき

答え

6 えんぴつが15本あります。これを5人で同じ数ずつ分けます。1人分は何本になりますか。 〔10点〕

しき

答え

7 チョコレートが18こあります。これを3つのふくろに同じ数ずつ入れます。1つのふくろに何こ入れればよいですか。 〔10点〕

しき

答え

8 24まいのおり紙を，同じ数ずつ4つのたばにします。1つのたばは何まいになりますか。 〔10点〕

しき

答え

9 25cmのリボンを，同じ長さに5つに切ります。1つ分の長さは何cmになりますか。 〔10点〕

しき

答え

10 28このみかんを，7つのふくろに同じ数ずつ入れます。1つのふくろのみかんは何こですか。 〔10点〕

しき

答え

©くもん出版

わり算をつかってとくもんだいだね。

とく点

点

1 あめ6こを，1人に2こずつ分けると，何人に分けられますか。〔10点〕

しき　｜ぜんぶの数　6｜÷｜1人分の数　2｜＝｜人数　｜　　答え

2 8本のえんぴつを，1人に2本ずつ分けると，何人に分けられますか。
〔10点〕

しき　｜ぜんぶの数　8｜÷｜1人分の数　2｜＝｜人数　｜　　答え

3 6まいの色紙を，1人に3まいずつ分けると，何人に分けられますか。
〔10点〕

しき　｜ぜんぶの数　6｜÷｜1人分の数　｜＝｜人数　｜　　答え

4 おかし12こを，3こずつさらにのせるには，さらは何まいあればよいですか。
〔10点〕

しき　｜　｜÷｜　｜＝｜　｜　　答え

5 みかん12こを，4こずつふくろに入れると，ふくろはいくつできますか。
〔10点〕

しき　　　　　　　　　　　答え

6 チョコレートが15こあります。これを1人に3こずつ分けると，何人に分けられますか。 〔10点〕

しき

答え

7 チョコレートが15こあります。これを1人に5こずつ分けると，何人に分けられますか。 〔10点〕

しき

答え

8 おり紙が18まいあります。これを1人に3まいずつ分けます。何人に分けられますか。 〔10点〕

しき

答え

9 花が24本あります。これを6本ずつ1つの花びんにさします。花びんは，いくつあればよいですか。 〔10点〕

しき

答え

10 32cmのリボンがあります。これを8cmずつに切ると，何本できますか。 〔10点〕

しき

答え

©くもん出版

もんだいをよく読んで，式と答えをかこう。

とく点 　　　点

48

1 21本のえんぴつを，3人で同じ数ずつ分けると，1人分は何本になりますか。　〔10点〕

しき　ぜんぶの数 ÷ 人数 ＝ 1人分の数

答え

2 21本のえんぴつを，1人に3本ずつ分けます。何人に分けられますか。　〔10点〕

しき　ぜんぶの数 ÷ 1人分の数 ＝ 人数

答え

3 30Lのあぶらを，5つのかんに同じように分けます。1つのかんに，何Lずつ入れたらよいですか。　〔10点〕

しき

答え

4 8本で40円の竹ひごがあります。この竹ひご1本のねだんは何円ですか。　〔10点〕

しき

答え

5 72このたまごがあります。これを8こずつ1つのパックにつめます。8こ入りのパックは，いくつできますか。　〔10点〕

しき

答え

6 １まい８円のおり紙を，40円では何まい買えますか。 〔10点〕

しき

答え

7 ３Ｌのあぶらを，６つの入れものに同じように分けて入れます。１つの入れものに，何dLずつ入れればよいですか。 〔10点〕

しき 3 L ＝30dL

答え

8 牛にゅうが２Ｌあります。１日に５dLずつのむと，何日のめますか。〔10点〕

しき

答え

9 ジュースが１Ｌ８dLあります。これを２dLずつびんに入れます。びんを何本用いすればよいですか。 〔10点〕

しき

答え

10 同じあつさの本を６さつかさねたら，高さが５cm４mmになりました。本１さつのあつさは，何mmですか。 〔10点〕

しき

答え

©くもん出版

もんだいをよく読んで，正しい式をかこう。

とく点

点

月　　日　名前

1 おはじき20こを，3人で同じ数ずつ分けると，1人に6こずつ分けられます。何こあまりますか。　〔10点〕

しき

ぜんぶの数		人　数		1人分の数		あまりの数
20	÷	3	=	6	あまり	2

答え　□ こあまる。

2 おり紙30まいを，4人で同じ数ずつ分けられます。1人に7まいずつ分けられます。何まいあまりますか。　〔10点〕

しき

30 ÷ 4 = 7 あまり □

答え　□ まいあまる。

3 みかんが27こあります。6つのふくろに同じ数ずつ入れると，1ふくろは何こになりますか。また，何こあまりますか。　〔10点〕

しき　27 ÷ □ = □ あまり □

答え　1ふくろは □ こで，□ こあまる。

4 40このかきがあります。7人で同じ数ずつ分けると，1人分は何こになって，何こあまりますか。　〔10点〕

しき

答え

5 27ひきの金魚を，6つの入れものに同じ数ずつ分けて入れると，1つの入れものには，何びき入りますか。また，何びきあまりますか。　〔10点〕

しき

答え

©くもん出版

6 あめが20こあります。これを１人に３こずつ分けると，６人に分けられます。何こあまりますか。 〔10点〕

しき

ぜんぶの数		1人分の数		人　数		あまりの数
20	÷	3	=		あまり	

答え □ こあまる。

7 色紙が30まいあります。１人に４まいずつくばると，７人にくばることができます。何まいあまりますか。 〔10点〕

しき

30	÷	4	=		あまり	

答え □ まいあまる。

8 せんべいが36まいあります。８まいずつふくろに入れると，何ふくろできて，何まいあまりますか。 〔10点〕

しき

	÷		=		あまり	

答え □ ふくろできて， □ まいあまる。

9 75cmのリボンを，１人に８cmずつ分けると，何人に分けられて，何cmあまりますか。 〔10点〕

しき

答え

10 りんごが65こあります。１つのかごに７こずつ入れると，かごはいくつできて，りんごは何こあまりますか。 〔10点〕

しき

答え

©くもん出版

あまりは，わる数より小さくなるね。

とく点　　点

52

1 45このチョコレートがあります。1人に6こずつ分けると，何人に分けられますか。また，何こあまりますか。　〔10点〕

しき　　　　　　　　　　　　　答え

2 カーネーションの花が60本あります。1人に9本ずつくばると，何人にくばることができますか。また，何本あまりますか。　〔10点〕

しき　　　　　　　　　　　　　答え

3 画用紙が38まいあります。これを8つのグループに同じ数ずつ分けます。1つのグループに何まいずつ分ければよいですか。また，何まいあまりますか。　〔10点〕

しき　　　　　　　　　　　　　答え

4 おり紙が60まいあります。7人で同じ数ずつつるをおります。つるを，1人何わおればよいですか。また，おり紙は何まいのこりますか。　〔10点〕

しき　　　　　　　　　　　　　答え

5 38ひきのめだかを，6ぴきずつ水そうに入れます。水そうはいくつあればよいですか。また，めだかは何びきのこりますか。　〔10点〕

しき　　　　　　　　　　　　　答え

©くもん出版

6 画びょうが25こあります。1まいの絵をはるのに，画びょうを4こつかいます。絵を何まいはることができますか。 〔10点〕

しき

答え

7 下の図のような本立てがあります。あつさ6cmの本をならべようと思います。本を何さつならべることができますか。 〔10点〕

50cm

しき

答え

8 4人のりのボートがあります。26人がみんなのるには，ボートは何そういりますか。 〔10点〕

しき

答え

9 1まいの画用紙でカードを8まいつくります。30まいのカードをつくるには，画用紙は何まいいりますか。 〔10点〕

しき

答え

10 ピンポン玉が6こ入るはこがあります。50このピンポン玉をぜんぶ入れるには，はこは何はこいりますか。 〔10点〕

しき

答え

©くもん出版

まちがえたもんだいは，もういちどやりなおしてみよう。

とく点

点

わり算 ⑥

1　ノートが45さつあります。このノートを1人に5さつずつくばると，何人にくばることができますか。　〔10点〕

しき

答え

2　あめが48こあります。1人に6こずつあめを分けるとすると，何人に分けられますか。　〔10点〕

しき

答え

3　あめが60こあります。1人に6こずつあめを分けるとすると，何人に分けられますか。　〔10点〕

しき

答え

4　お母さんからチョコレートを40こもらいました。妹と2人で，同じ数になるように分けました。妹にあげたチョコレートは何こですか。　〔10点〕

しき

答え

5　えんぴつが42本あります。このえんぴつを2人で同じ数ずつ分けるとすると，1人分は何本になりますか。　〔10点〕

しき

答え

©くもん出版

6 クッキーを36まいつくります。3人で同じ数ずつつくるとすると，1人につき何まいのクッキーをつくればよいですか。 〔10点〕

しき

答え

7 おり紙が96まいあります。これを3つのグループに同じ数ずつ分けて，そのおり紙でつるをつくります。1つのグループは，何わのつるをつくることになりますか。 〔10点〕

しき

答え

8 ジュースが2Lあります。1日に4dLずつのむと，何日のむことができますか。 〔10点〕

しき

答え

9 しょうゆが8L4dLあります。これを4dLずつびんに入れていきます。びんは何本いりますか。 〔10点〕

しき

答え

10 同じあつさのノートを3さつかさねたら，高さが6cm9mmになりました。ノート1さつのあつさは，何mmですか。 〔10点〕

しき

答え

©くもん出版

もんだいをよく読んで，式をかこう。

とく点 　　　　点

わり算 ⑦

月　日　名前

1　黄色いリボンが30cm，赤いリボンが6cmあります。黄色いリボンの長さは，赤いリボンの長さの何倍ですか。〔10点〕

しき　30÷6＝＿＿＿＿＿＿＿　答え　　倍

2　赤いボールが15こ，白いボールが5こあります。赤いボールの数は，白いボールの数の何倍ありますか。〔10点〕

しき　＿＿＿＿＿＿＿　答え　＿＿＿＿＿＿

3　りんごが24こ，みかんが8こあります。りんごの数は，みかんの数の何倍ありますか。〔10点〕

しき　＿＿＿＿＿＿＿　答え　＿＿＿＿＿＿

4　公園にはとが32わ，すずめが8わいます。はとは，すずめの何倍いますか。〔10点〕

しき　＿＿＿＿＿＿＿　答え　＿＿＿＿＿＿

5　ビルの高さは30mで，かほさんの家の高さは5mです。ビルの高さは，かほさんの家の高さの何倍ですか。〔10点〕

しき　＿＿＿＿＿＿＿　答え　＿＿＿＿＿＿

6 こうたさんは，おはじきを27こもっています。妹は9こもっています。こうたさんのおはじきの数は，妹のおはじきの数の何倍ですか。 〔10点〕

しき

答え

7 赤い色紙が35まい，青い色紙が7まいあります。赤い色紙の数は，青い色紙の数の何倍ありますか。 〔10点〕

しき

答え

8 オレンジジュースが36dL，りんごジュースが6dLあります。オレンジジュースのりょうは，りんごジュースのりょうの何倍ですか。 〔10点〕

しき

答え

9 なわとびで，たくみさんは12回，弟は6回とびました。たくみさんがとんだ回数は，弟のとんだ回数の何倍ですか。 〔10点〕

しき

答え

10 とおるさんは，家からえきまで歩くと28分かかり，バスで行くと7分かかります。歩いたときにかかる時間は，バスで行くときにかかる時間の何倍ですか。 〔10点〕

しき

答え

もんだいをよく読んで，式をかこう。

とく点

点

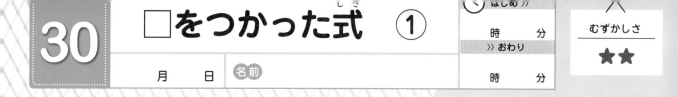

月　日　名前

1 りこさんは，お金を何円かもっていました。きょう，お母さんに50円もらったので，ぜんぶで150円になりました。はじめにもっていたお金を□円として，たし算の式にかきましょう。　　　　〔10点〕

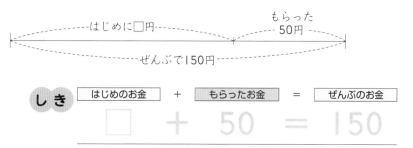

しき	はじめのお金	+	もらったお金	=	ぜんぶのお金
	□	+	50	=	150

2 ゆうとさんは，おはじきを何こかもっていました。きょう，お姉さんから24こもらったので，ぜんぶで50こになりました。はじめにもっていたおはじきの数を□ことして，たし算の式にかきましょう。　　　　〔10点〕

しき

---

3 きのうまでに毛糸でひもを35cmあみました。きょう，何cmかあんだので，ぜんぶの長さが80cmになりました。きょうあんだ長さを□cmとして，たし算の式にかきましょう。　　　　〔10点〕

しき　35 ＋ □ ＝

4 バスにおきゃくさんが8人のっていました。えき前のバスていで，何人かのってきたので，バスのおきゃくさんはぜんぶで32人になりました。バスていでのってきたおきゃくさんの数を□人として，たし算の式にかきましょう。　　　　〔10点〕

しき

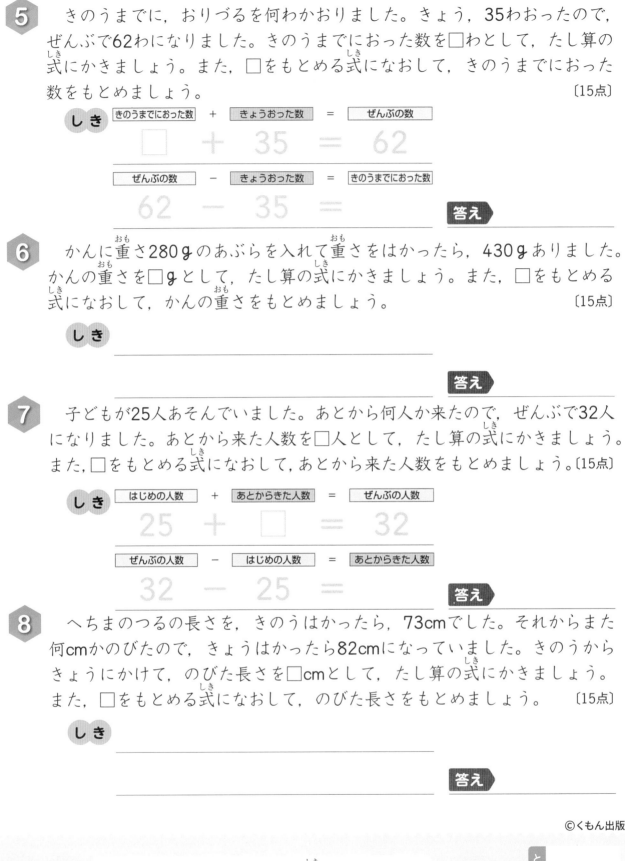

5 きのうまでに，おりづるを何わかおりました。きょう，35わおったので，ぜんぶで62わになりました。きのうまでにおった数を□わとして，たし算の式にかきましょう。また，□をもとめる式になおして，きのうまでにおった数をもとめましょう。　　　〔15点〕

しき

| きのうまでにおった数 | ＋ | きょうおった数 | ＝ | ぜんぶの数 |

□ ＋ 35 ＝ 62

| ぜんぶの数 | － | きょうおった数 | ＝ | きのうまでにおった数 |

62 － 35 ＝

答え

6 かんに重さ280gのあぶらを入れて重さをはかったら，430gありました。かんの重さを□gとして，たし算の式にかきましょう。また，□をもとめる式になおして，かんの重さをもとめましょう。　　　〔15点〕

しき

答え

7 子どもが25人あそんでいました。あとから何人か来たので，ぜんぶで32人になりました。あとから来た人数を□人として，たし算の式にかきましょう。また，□をもとめる式になおして，あとから来た人数をもとめましょう。〔15点〕

しき

| はじめの人数 | ＋ | あとからきた人数 | ＝ | ぜんぶの人数 |

25 ＋ □ ＝ 32

| ぜんぶの人数 | － | はじめの人数 | ＝ | あとからきた人数 |

32 － 25 ＝

答え

8 へちまのつるの長さを，きのうはかったら，73cmでした。それからまた何cmかのびたので，きょうはかったら82cmになっていました。きのうからきょうにかけて，のびた長さを□cmとして，たし算の式にかきましょう。また，□をもとめる式になおして，のびた長さをもとめましょう。　　　〔15点〕

しき

答え

©くもん出版

わからない数を□におきかえて式をかくんだよ。

とく点　　　点

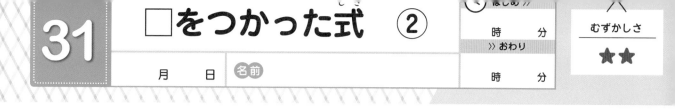

1 おはじきを何こかもっていましたが，妹に15こあげたので，のこりが35こになりました。はじめにもっていたおはじきの数を□ことして，ひき算の式にかきましょう。 〔10点〕

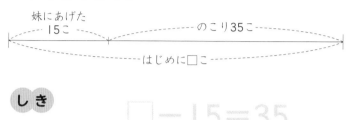

妹にあげた
15こ
のこり35こ
はじめに□こ

しき

□－15＝35

2 シールを何まいかもっていましたが，弟に12まいあげたので，のこりが40まいになりました。はじめにもっていたシールの数を□まいとして，ひき算の式にかきましょう。 〔10点〕

しき

3 あきとさんは，えんぴつを何本かもっていました。きょう，はるまさんに9本あげたので，28本になりました。あきとさんがはじめにもっていたえんぴつの数を□本として，ひき算の式にかきましょう。 〔10点〕

しき

4 さなさんは，おこづかいをいくらかもっていました。きょう，120円つかったので，のこりが340円になりました。はじめにもっていたおこづかいを□円として，ひき算の式にかきましょう。 〔10点〕

しき

©くもん出版

5 さとうがかんに入っています。きょう，65gつかったので，のこりが180gになりました。はじめに入っていたりょうを□gとして，ひき算の式にかきましょう。また，□をもとめる式になおして，はじめに入っていたりょうをもとめましょう。 〔20点〕

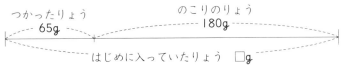

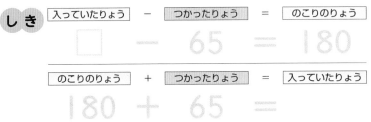

しき

| 入っていたりょう | − | つかったりょう | = | のこりのりょう |

□ − 65 = 180

| のこりのりょう | + | つかったりょう | = | 入っていたりょう |

180 + 65 =

答え

6 バスがえき前について36人おりたので，バスのおきゃくさんは23人になりました。はじめにのっていた人数を□人として，ひき算の式にかきましょう。また，□をもとめる式になおして，はじめにのっていた人数をもとめましょう。 〔20点〕

しき

答え

7 はるきさんは，お金をいくらかもっていました。きょう，70円つかったので，のこりが255円になりました。はじめにもっていたお金を□円として，ひき算の式にかきましょう。また，□をもとめる式になおして，はじめにもっていたお金をもとめましょう。 〔20点〕

しき

答え

©くもん出版

もんだいをよく読んで，正しい式をかこう。

とく点

点

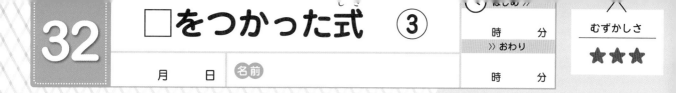

32 □をつかった式 ③

月　日　名前

1 色紙が40まいあります。何まいかつかったので，のこりが25まいになりました。つかった色紙の数を□まいとして，ひき算の式にかきましょう。〔10点〕

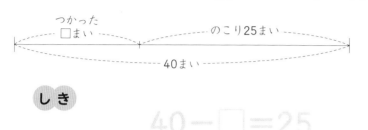

しき

40 − □ = 25
_____

2 あゆみさんは，えんぴつを32本もっていました。きょう，いつきさんに何本かあげたので，のこりが17本になりました。いつきさんにあげたえんぴつの数を□本として，ひき算の式にかきましょう。〔10点〕

しき

_____

3 ひなたさんは，1000円もって本やさんに行きました。本を買ったら，のこりが370円になりました。本のねだんを□円として，ひき算の式にかきましょう。〔10点〕

しき

_____

4 牛にゅうが400mLありました。きょう，何mLかのんだので，のこりが285mLになりました。のんだ牛にゅうのりょうを□mLとして，ひき算の式にかきましょう。〔10点〕

しき

_____

©くもん出版

5 色紙が32まいあります。何まいかつかったので，のこりが12まいになりました。つかった色紙の数を□まいとして，ひき算の式にかきましょう。また，□をもとめる式になおして，つかった色紙の数をもとめましょう。〔15点〕

しき

| もっていた数 | − | つかった数 | = | のこりの数 |

32 − □ = 12

| もっていた数 | − | のこりの数 | = | つかった数 |

32 − 12 =

答え

6 リボンが66cmあります。工作で何cmかつかったので，のこりが30cmになりました。つかった長さを□cmとして，ひき算の式にかきましょう。また，□をもとめる式になおして，つかった長さをもとめましょう。〔15点〕

しき

答え

7 500円もって買いものに行きました。おかしを買ったら，135円のこりました。おかしのねだんを□円として，ひき算の式にかきましょう。また，□をもとめる式になおして，おかしのねだんをもとめましょう。〔15点〕

しき

答え

8 はがきが210まいあります。友だち何人かにはがきを出したので，のこりが185まいになりました。出したはがきの数を□まいとして，ひき算の式にかきましょう。また，□をもとめる式になおして，出したはがきの数をもとめましょう。〔15点〕

しき

答え

もんだいをよく読んで，正しい式をかこう。

とく点

点

©くもん出版

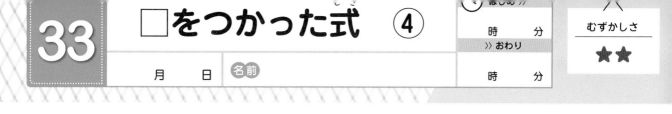

1 同じガムを4こ買って，だい金を20円はらいました。ガム1このねだんを□円として，かけ算の式にかきましょう。　　〔10点〕

しき

1このねだん	×	買った数	=	だい金

$$\square \times 4 = 20$$

2 工作用紙を5まい買って，だい金を100円はらいました。工作用紙1まいのねだんを□円として，かけ算の式にかきましょう。　　〔10点〕

しき

_____

3 同じ重さのノートが5さつあります。ぜんぶの重さをはかったら，300gでした。ノート1さつの重さを□gとして，かけ算の式にかきましょう。

しき　　　　　　　　　　　　　　　　　　　　　　〔10点〕

_____

4 1さつ80gのノートが何さつかあります。ぜんぶの重さをはかったら，240gでした。ノートの数を□さつとして，かけ算の式にかきましょう。

しき

1さつの重さ	×	ノートの数	=	ぜんぶの重さ

〔10点〕

$$80 \times \square =$$

5 みかんを1人に6こずつ何人かにくばったら，ぜんぶで54こになりました。くばった人数を□人として，かけ算の式にかきましょう。　　〔10点〕

しき

_____

6 画用紙を1人に同じまい数ずつ，5人にくばったら，ぜんぶで20まいになりました。1人にくばった数を□まいとして，かけ算の式にかきましょう。また，□をもとめる式になおして，1人にくばった数をもとめましょう。

〔10点〕

しき

1人にくばった数	×	人　数	=	ぜんぶのまい数
□	×	5	=	20

ぜんぶのまい数	÷	人　数	=	1人にくばった数
20	÷	5	=	

答え

7 同じおかしを5こ買ったら，ぜんぶで400円でした。おかし1このねだんを□円として，かけ算の式にかきましょう。また，□をもとめる式になおして，おかし1このねだんをもとめましょう。

〔15点〕

しき

答え

8 1まい8円の色紙を何まいか買ったら，だい金は32円でした。色紙のまい数を□まいとして，かけ算の式にかきましょう。また，□をもとめる式になおして，色紙のまい数をもとめましょう。

〔10点〕

しき

1まいのねだん	×	買ったまい数	=	だい金
8	×	□	=	32

だい金	÷	1まいのねだん	=	買ったまい数
32	÷	8	=	

答え

9 1本7円の竹ひごを何本か買ったら，だい金は56円でした。竹ひごの本数を□本として，かけ算の式にかきましょう。また，□をもとめる式になおして，竹ひごの本数をもとめましょう。

〔15点〕

しき

答え

©くもん出版

まちがえたもんだいは，もういちどやりなおしてみよう。

とく点

点

月　日　名前

1 何こかあったみかんを，１人に４こずつくばったら，
ちょうど３人にくばることができました。はじめに
あったみかんの数を□ことして，わり算の式にかきま
しょう。〔10点〕

しき

はじめの数	÷	1人分の数	=	人　数
□	÷	4	=	3

2 何こかあったみかんを３人にくばったら，１人４こ
ずつになりました。はじめにあったみかんの数を□こ
として，わり算の式にかきましょう。〔10点〕

しき

はじめの数	÷	人　数	=	1人分の数
□	÷	3	=	

3 ある長さのテープを５cmずつ切ったら，ちょうど６本できました。はじ
めの長さを□cmとして，わり算の式にかきましょう。〔10点〕

しき

4 ジュースがあります。７本のびんに同じりょうずつ分けたら，１本がちょうど
５dLでした。はじめのジュースのりょうを□dLとして，わり算の式にかき
ましょう。〔10点〕

しき

5 チューリップのきゅうこんがたくさんありました。１つのプランターに
５こずつうえたら，ちょうど８つのプランターにうえることができました。
はじめのきゅうこんの数を□ことして，わり算の式にかきましょう。〔10点〕

しき

6 何まいかあった色紙を，１人に５まいずつくばったら，８人にくばることができました。はじめにあった色紙の数を□まいとして，わり算の式にかきましょう。また，□をもとめる式になおして，はじめにあった色紙の数をもとめましょう。 〔10点〕

しき

はじめの数	÷	１人分の数	=	人　数
□	÷	5	=	8

１人分の数	×	人　数	=	はじめの数
5	×	8	=	

答え

7 何まいかあった色紙を８人にくばったら，１人に５まいずつくばることができました。はじめにあった色紙の数を□まいとして，わり算の式にかきましょう。また，□をもとめる式になおして，はじめにあった色紙の数をもとめましょう。 〔10点〕

しき

はじめの数	÷	人　数	=	１人分の数
□	÷	8	=	5

１人分の数	×	人　数	=	はじめの数

答え

8 おかしがたくさんあります。１人に３こずつ分けたら，９人分になりました。はじめのおかしの数を□ことして，わり算の式にかきましょう。また，□をもとめる式になおして，はじめのおかしの数をもとめましょう。 〔15点〕

しき

答え

9 おかしを，９つのさらに同じ数ずつ分けたら，１さらが３こずつになりました。はじめのおかしの数を□ことして，わり算の式にかきましょう。また，□をもとめる式になおして，はじめのおかしの数をもとめましょう。 〔15点〕

しき

答え

©くもん出版

もんだいをよく読んで，正しい式をかこう。

とく点

点

月　　日　名前

1 　45mのひもを，同じ長さに切ったら，ちょうど9本になりました。切ったひも1本分の長さを□mとして，わり算の式にかきましょう。〔10点〕

しき

全体の長さ	÷	1本分の長さ	=	本　数
45	÷	□	=	9

2 　32mのひもを，同じ長さに何本か切ったら，1本分が4mになりました。ひもを切って分けた本数を□本として，わり算の式にかきましょう。〔10点〕

しき

全体の長さ	÷	本　数	=	1本分の長さ
32	÷	□	=	

3 　18Lの牛にゅうを，同じりょうずつびんに入れたら，ちょうど9本になりました。1本に入れたりょうを□Lとして，わり算の式にかきましょう。〔10点〕

しき

────────────────

4 　42のいすを，何人かではこんでいます。1人が6つずつはこんだら，ぜんぶはこびおわりました。はこんだ人の数を□人として，わり算の式にかきましょう。　　　　　　　　　　　〔10点〕

しき

────────────────

5 　みかんが24こあります。1人に同じ数ずつ分けると，8人に分けられるそうです。1人分のみかんを□ことして，わり算の式にかきましょう。〔10点〕

しき

────────────────

6　12ひきのめだかを，同じ数ずつ分けて水そうに入れたら，水そうが4つになりました。1つの水そうに入れためだかの数を□ひきとして，わり算の式にかきましょう。また，□をもとめる式になおして，1つの水そうに入れためだかの数をもとめましょう。　〔10点〕

しき

ぜんぶの数	÷	1つ分の数	=	水そうの数

12 ÷ □ = 4

ぜんぶの数	÷	水そうの数	=	1つ分の数

12 ÷ 4 =

答え

7　20ぴきのめだかを，いくつかの水そうに分けたら，1つの水そうが5ひきずつになりました。水そうの数を□として，わり算の式にかきましょう。また，□をもとめる式になおして，水そうの数をもとめましょう。　〔10点〕

しき

ぜんぶの数	÷	水そうの数	=	1つ分の数

20 ÷ □ = 5

ぜんぶの数	÷	1つ分の数	=	水そうの数

20 ÷ 5 =

答え

8　72ページのどうわの本を，毎日同じページ数ずつ読んだら，8日間で読みおえました。1日に読んだページ数を□ページとして，わり算の式にかきましょう。また，□をもとめる式になおして，1日に読んだページ数をもとめましょう。　〔15点〕

しき

_____

答え

9　1たば45円の竹ひごを1たば買いました。1本分は5円になりました。竹ひごの数を□本として，わり算の式にかきましょう。また，□をもとめる式になおして，竹ひごの数をもとめましょう。　〔15点〕

しき

_____

答え

©くもん出版

　　□をつかって正しく式をたてられたかな。まちがえたら，もういちどやりなおしてみよう。

とく点

点

36 いろいろなもんだい ①

月　日　名前

むずかしさ
★★

1　ちゅう車場に車が何台かとまっていました。そのうち，6台出ていき，また，7台出ていったので，のこりは15台になりました。車は，はじめに何台とまっていましたか。　　　　　　　　　　　　　　〔1もん　10点〕

はじめの台数　□台
のこり15台　　　7台　　　6台

① 出ていった車は，ぜんぶで何台ですか。
　　しき　6＋7＝　　　　　　　　　　答え

② はじめに何台とまっていましたか。
　　しき　15＋　＝　　　　　　　　　答え

2　あめが何こかありました。そのうち，6こ食べ，また，8こ食べたので，のこりは19こになりました。あめは，はじめに何こありましたか。　〔15点〕

　　しき　6＋8＝

　　　　　　　　　　　　　　　　　　答え

3　すずめが何わかいました。そのうち，17わがとんでいき，また7わがとんでいったので，のこりは27わになりました。すずめは，はじめに何わいましたか。　　　　　　　　　　　　　　　　　　　　　　　〔15点〕

　　しき

　　　　　　　　　　　　　　　　　　答え

4 池であひるが何わかおよいでいました。そのうち，14わが池から出ていき，また19わ出ていったので，のこりは18わになりました。あひるは，はじめに何わいましたか。 〔10点〕

しき

答え

5 りんごが何こかありました。そのうち，25こを右どなりの家にあげ，また17こを左どなりの家にあげたので，のこりは49こになりました。りんごは，はじめに何こありましたか。 〔10点〕

しき

答え

6 色紙が何まいかありました。そのうち，つるを67おり，船を59おったので，のこりの色紙は124まいになりました。色紙は，はじめに何まいありましたか。 〔10点〕

しき

答え

7 電車におきゃくさんがのっています。大学前えきで129人おりて，つぎのえきで95人おりたので，おきゃくさんはぜんぶで386人になりました。はじめに何人のっていましたか。 〔10点〕

しき

答え

8 まさこさんは，おこづかいをきのう512円つかい，きょう647円つかったので，おこづかいののこりが1968円になりました。まさこさんは，おこづかいをはじめに何円もっていましたか。 〔10点〕

しき

答え

©くもん出版

図にあらわして考えると，わかりやすいよ。

とく点

点

1　えんぴつとノートを買いに行きました。えんぴつは60円，ノートは80円でした。けしゴムもほしくなって買ったら，みんなで210円になりました。けしゴムは何円でしたか。　　　　　　　　　　　　〔1もん　10点〕

①　えんぴつとノートのだい金は何円ですか。

しき　60＋80＝

答え

②　けしゴムは何円でしたか。

しき　210－

答え

2　おかしとあめを買いに行きました。おかしは70円，あめは40円でした。ガムもほしくなって買ったら，みんなで230円になりました。ガムは何円でしたか。　　　　　　　　　　　　　　　　　　　　〔1もん　10点〕

①　おかしとあめのだい金は何円ですか。

しき

答え

②　ガムは何円でしたか。

しき

答え

3　お母さんから赤い色紙を36まい，黄色い色紙を27まいもらいました。あとから，また，青い色紙を何まいかもらったので，みんなで102まいになりました。青い色紙を何まいもらいましたか。　　　　　　　　〔10点〕

しき

答え

©くもん出版

4 パンを買いに行きました。120円のあんパンと115円のクリームパンを買って，ジュースも買ったら，みんなで400円でした。ジュースは何円でしたか。 〔10点〕

し き _____

答え _____

5 公園で，子どもが27人あそんでいました。そこへ，2年生が7人と，3年生が何人か来たので，子どもの数はみんなで43人になりました。あとから来た3年生は何人ですか。 〔10点〕

し き _____

答え _____

6 ななさんは，シールをお姉さんから28まい，お兄さんから23まいもらいました。また，お母さんからも何まいかもらったので，もらったシールはぜんぶで100まいになりました。お母さんからもらったシールは何まいですか。 〔15点〕

し き _____

答え _____

7 おこづかいを，つとむさんは840円つかい，さとしさんは430円つかいました。ゆうとさんもつかったので，3人はぜんぶで2050円つかいました。ゆうとさんはいくらつかいましたか。 〔15点〕

し き _____

答え _____

©くもん出版

まちがえたもんだいは，もういちどやりなおしてみよう。

とく点 点

74

38 いろいろなもんだい ③

はじめ 》
時　　　分
》 おわり
時　　　分

むずかしさ
★★★

月　　　日　名前

1 シールが何まいかありました。5まいずつ4人にあげたら，のこりは
30まいになりました。シールは何まいありましたか。　〔1もん　10点〕

30まい　　5まい　5まい　5まい　5まい
はじめのまい数　□まい

① あげたまい数は何まいですか。

しき　　5 × 4 ＝

答え

② シールはぜんぶで何まいありましたか。

しき　　30 ＋　　＝

答え

2 風せんが何こかありました。6こずつ7人にあげたら，のこりは18こに
なりました。風せんは何こありましたか。　〔1もん　10点〕

① あげた風せんは何こですか。

しき

答え

② 風せんはぜんぶで何こありましたか。

しき

答え

3 お母さんがチューリップのきゅうこんを買ってきました。2こずつ10こ
のうえきばちにうえたら，のこりは3こになりました。買ってきたチューリッ
プのきゅうこんは，何こですか。　〔10点〕

しき

答え

©くもん出版

4 ゆう園地のわりびきけんが何まいかありました。4まいずつ15人にあげたら，のこりは21まいになりました。わりびきけんは何まいありましたか。

しき 〔10点〕

_____

答え ▸

5 お母さんからお金をもらって，えんぴつを買いに行きました。1本45円のえんぴつを12本買ったら，のこりのお金が170円になりました。お母さんからもらったお金はいくらでしたか。 〔10点〕

しき

_____

答え ▸

6 1こ76円のパンを5こ買って，500円玉を1こ出しました。おつりは何円ですか。 〔10点〕

しき 76×5＝380
500－　　＝

答え ▸

7 1本145円のボールペンを11本買って，2000円出しました。おつりは何円ですか。 〔10点〕

しき _____

_____

答え ▸

8 おり紙を，1たば25まいずつ，14たばつくろうと思いましたが，21まいたりませんでした。おり紙は，ぜんぶで何まいありますか。 〔10点〕

しき

_____

答え ▸

©くもん出版

もんだいをよく読み，正しい式をかいて，答えをもとめよう。

とく点　　点

39 いろいろなもんだい ④

月　日　名前

はじめ ≫
　時　　　分
≫ おわり
　時　　　分

むずかしさ
★★★

1　1さらに3こずつ，27このおかしをのせました。おさらは，まだ5まいのこっています。おさらは，みんなで何まいありますか。　〔1もん　10点〕

①　おかしをのせたおさらは何まいですか。

しき　$27 \div 3 =$

答え

②　おさらは，みんなで何まいありますか。

しき　$5 +$　$=$

答え

2　あさがおのたねを1はちに2こずつ，16こまきました。はちは，まだ4はちのこっています。はちは，みんなで何はちありますか。　〔1もん　10点〕

①　たねをまいたはちは，何はちですか。

しき　☐ $\div$ ☐ $=$ ☐

答え

②　はちは，みんなで何はちありますか。

しき　☐ $+$ ☐ $=$ ☐

答え

3　みかんを1人に4こずつ，48こくばりました。みかんをまだもらっていない子どもが5人います。子どもは，ぜんぶで何人いますか。　〔10点〕

しき

答え

©くもん出版

4 たまご72こを，8こずつふくろに入れました。そのうち，2ふくろをとなりの家にあげました。たまごは，何ふくろのこっていますか。 〔10点〕

しき

$$\boxed{} \div \boxed{} = \boxed{}$$

$$\boxed{} - \boxed{2} = \boxed{}$$
答え

5 かごが25あります。66このなしを，1つのかごに3こずつ入れました。からのかごは，いくつのこっていますか。 〔10点〕

しき

_____

_____
答え

6 ゆいさんは，色紙を25まいもっています。きょう，お母さんからもらった色紙18まいを妹と2人で同じ数ずつ分けました。ゆいさんの色紙は，何まいになりましたか。 〔15点〕

しき

_____

_____
答え

7 たくみさんは，おはじきを36こもっています。きょう，お父さんからもらったおはじき21こを弟と妹の3人で同じ数ずつ分けました。たくみさんのおはじきは，何こになりましたか。 〔15点〕

しき

_____

_____
答え

©くもん出版

式と答えが正しくかけているか，もういちど見なおしをしよう。

とく点　　点

1 みかんが15こありました。そのうち，何こかあげたので，のこりは6こになりました。何こあげましたか。　〔10点〕

しき　15－6＝

答え

2 みかんが8こ，りんごが7こありました。そのうち，何こかあげたので，のこりは6こになりました。何こあげましたか。　〔1もん　10点〕

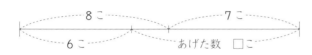

① はじめに，あわせて何こありましたか。

しき　8＋7＝

答え

② 何こあげましたか。

しき　　－6＝

答え

3 みかんが15こ，りんごが7こありました。そのうち，何こかあげたので，のこりは12こになりました。何こあげましたか。　〔10点〕

しき

答え

©くもん出版

4 赤い花が13本と白い花が9本さいていました。そのうち，何本か切りとって，かびんにさしたので，のこりは8本になりました。切りとった花は何本ですか。 〔15点〕

しき

答え

5 こうきさんは黄色い色紙を22まい，青い色紙を15まいもっていました。そのうち，おり紙をして何まいかつかったので，のこりは19まいになりました。つかった色紙は何まいですか。 〔15点〕

しき

答え

6 池にあひるが17わ，はくちょうが24わおよいでいました。そのうち，何わかが，池から上がっていったので，のこりは23わになりました。何わ上がっていきましたか。 〔15点〕

しき

答え

7 おとな38人と，子ども62人がプールに来ていました。そのうち，何人か帰ったので，24人になりました。何人帰りましたか。 〔15点〕

しき

答え

©くもん出版

もんだいをよく読んで，正しい式をかくことが大切だよ。

とく点　　点

41 いろいろなもんだい ⑥

月　日　名前

>> はじめ
時　　　分
>> おわり
時　　　分

むずかしさ
★★★

1 子どもが6人います。いちごをどの子どもにも同じ数ずつくばったら，みんなで24こいりました。1人に何こずつくばりましたか。　〔10点〕

6人
24こ

しき 24 ÷ 6 =

答え

2 2年生が3人，3年生が2人います。みかんをどの子どもにも同じ数ずつくばったら，みんなで25こいりました。1人に何こずつくばりましたか。
　〔1もん　10点〕

3人　　2人
25こ

① 子どもはみんなで何人いますか。

しき 3 + 2 =

答え

② 1人に何こずつくばりましたか。

しき 25 ÷ 　＝

答え

3 3年生3人と4年生4人に画用紙をくばります。どの子どもにも同じまい数ずつくばったら，みんなで21まいいりました。1人に何まいずつくばりましたか。　〔10点〕

しき

答え

4 紙のふくろが4まいとビニールのふくろが2まいあります。みかんをどのふくろにも同じ数ずつ入れたら，みんなで30こいりました。1ふくろに何こずつ入れましたか。　〔10点〕

しき

答え

©くもん出版

5 子ども4人に，あめを2こずつくばります。1こ何円のあめにすれば，みんなで40円になりますか。

〔1もん　10点〕

① あめはぜんぶで何こになりますか。

しき $2 \times 4 =$

答え

② あめ1このねだんは何円ですか。

しき $40 \div \ \ =$

答え

6 子ども2人に，色紙を3まいずつくばります。1まい何円の色紙にすれば，みんなで42円になりますか。

〔10点〕

しき

答え

7 子ども3人にふくろを2まいずつくばります。どんぐりを1まいのふくろに何こずつ入れれば，みんなで66こになりますか。

〔10点〕

しき

答え

8 子ども4人にあめを2こずつくばります。1こ何円のあめにすれば，みんなで88円になりますか。

〔10点〕

しき

答え

©くもん出版

式と答えが正しくかけているか，もういちど見なおしをしよう。

とく点

点

1　1ふくろに6こずつ入ったみかんが，4ふくろあります。これを8人で同じ数ずつ分けます。1人分は何こになりますか。〔10点〕

しき　6 × 4 = 24

24 ÷ 8 =

答え

2　えんぴつが3ダースあります。これを6人で同じ本数になるように分けます。1人分は何本になりますか。〔10点〕

しき

答え

3　子どもが1れつに8人ずつ，3れつにならんでいます。この子どもが4れつに同じ数ずつならぶと，1れつは何人になりますか。〔10点〕

しき

答え

4　6人で，同じ数ずつおりづるをつくっています。つるを30わつなげたかざりを2つつくります。1人，何わのつるをおればよいですか。〔10点〕

しき

答え

5　1たば7本の花たばが9たばあります。これを1たば3本にすると，何たばできますか。〔10点〕

しき

答え

©くもん出版

6 同じねだんの竹ひごを3本買ったら，27円でした。この竹ひごを5本買うと，だい金はいくらになりますか。 〔10点〕

しき $27 \div 3 =$

_____

答え

7 同じえんぴつ3本の重さをはかったら36gでした。このえんぴつ1ダース分の重さは何gになりますか。 〔10点〕

しき

_____

答え

8 45本のカーネーションを，5本ずつ1たばにして，1たば450円で売ります。カーネーションがぜんぶ売れると，何円になりますか。 〔10点〕

しき

_____

答え

9 18このおかしを，これまでにちょうど半分食べました。のこりを3日間で毎日同じ数ずつ食べます。1日に何こずつ食べればよいですか。 〔10点〕

しき

_____

答え

10 1まいの画用紙で16まいのカードをつくります。48まいの画用紙を4人で同じ数ずつ分けてカードをつくると，1人がそれぞれ何まいのカードをつくることができますか。 〔10点〕

しき

_____

答え

©くもん出版

えんぴつ1ダースは12本だよ。もんだいをよく読み，正しい式をかいて，答えをもとめよう。

とく点　　　点

月　　日　名前

1 40円のけしゴム2こと，80円のノートを3さつ買いました。だい金はいくらですか。 〔10点〕

しき （けしゴムのだい金） 40 × 2 ＝

（ノートのだい金） 80 × 3 ＝

（ぜんぶのだい金）

答え

2 黒いご石を15こずつ4れつ，白いご石を12こずつ4れつならべました。ご石をぜんぶで何こならべましたか。 〔10点〕

しき

　　　　　　　　　　　　　，

答え

3 1こ90円のりんごを12こと，1こ35円のみかんを15こ買いました。だい金はいくらですか。 〔10点〕

しき

　　　　　　　　　　　　　，

答え

4 1足235円のくつ下を14足と，1まい350円のハンカチを11まい買いました。だい金はいくらですか。 〔10点〕

しき

　　　　　　　　　　　　　，

答え

5 　1こ95円のりんごを16こと，1こ45円のみかんを25こ買いました。りんごのだい金とみかんのだい金のちがいは，何円ですか。　〔15点〕

しき

_____　,　_____

_____

答え _____

6 　下の図のように，ご石をならべました。黒いご石と白いご石の数のちがいは，何こですか。　〔15点〕

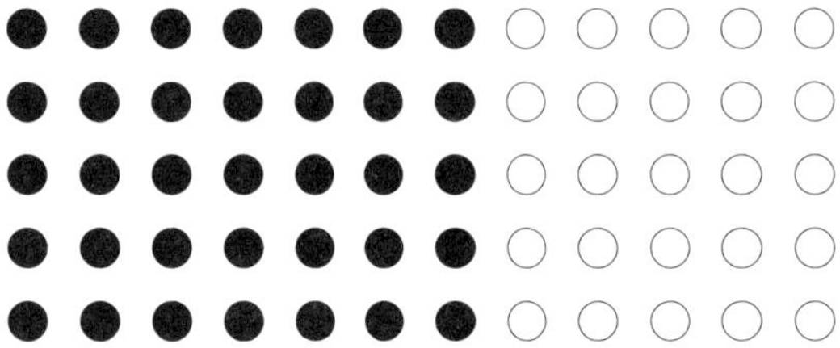

しき

(黒石の数)　5 × 7 =

_____

(白石の数)

_____

(ちがい)

_____

答え _____

7 　1まい8円の色紙を，お姉さんは32円分，さくらさんは48円分買いました。さくらさんは，お姉さんより何まい多く買いましたか。　〔15点〕

しき

_____　,　_____

_____

答え _____

8 　9まいで72円のシールと，6まいで36円のシールがあります。このシール1まいのねだんのちがいは，何円ですか。　〔15点〕

しき

_____　,　_____

_____

答え _____

©くもん出版

もんだいをよく読んで式をかこう。

とく点 _____ 点

44 いろいろなもんだい ⑨

はじめ
時　　分
》おわり
時　　分

むずかしさ
★★★

月　　日　名前

1　１れつに，10mおきに木を4本うえました。はじめの木から，さい後の木までのきょりは何mですか。〔5点〕

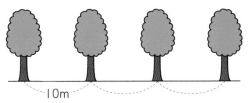

しき　　10×3＝

答え

2　１れつに，10mおきに木を5本うえました。はじめの木から，さい後の木までのきょりは何mですか。〔5点〕

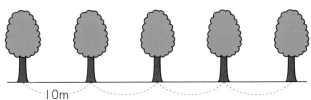

しき

答え

3　１れつに，15mおきに木を6本うえました。はじめの木から，さい後の木までのきょりは何mですか。〔5点〕

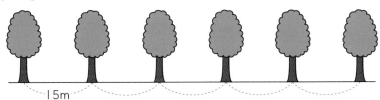

しき

答え

©くもん出版

4 1れつに，10mおきに木を7本うえました。はじめの木から，さい後の木までのきょりは何mですか。　　　　　　　　　　　　　　　〔15点〕

しき　　7 − 1 = 6

　　　10 × 6 =

答え

5 9本のはたを，18mおきに，まっすぐ1れつにならべて立てます。はじめのはたから，さい後のはたまでのきょりは何mですか。　　　　〔15点〕

しき　　9 − 1 = 8

答え

6 道にそって，12mおきに木がうえてあります。ひろしさんは，1本めの木から25本めの木まで走りました。ひろしさんは何m走りましたか。〔15点〕

しき

答え

7 下の図のように，黒いご石の間に白いご石を4こずつならべます。黒いご石が7このとき，白いご石は何こですか。　　　　　　　　　　　　　〔15点〕

●○○○○●○○○○●○○○○●○○

しき

答え

8 13秒おきに，かねが15回なります。はじめにかねがなってから，さい後のかねがなるまで何秒かかりますか。　　　　　　　　　　　　　　　〔25点〕

しき

答え

まちがえたもんだいは，もういちどやりなおしておこう。

とく点　　　　点

88

45 いろいろなもんだい ⑩

はじめ

時　　　分

≫おわり

時　　　分

むずかしさ
★★★

月　　日　名前

1　池のまわりに，10mおきに木が5本うえてあります。池のまわりの長さは何mですか。〔10点〕

しき　10 × 5 =

答え

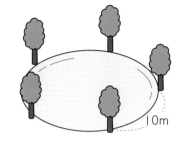

2　公園のまわりに，25mおきに木を8本うえました。公園のまわりの長さは何mですか。〔10点〕

しき

答え

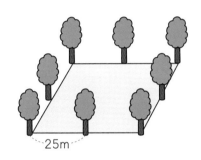

3　池のまわりに，15mおきに木が7本うえてあります。池のまわりの長さは何mですか。〔10点〕

しき

答え

4　学校のまわりに，18mおきにくいを24本立てて，かきねをつくりました。この学校のまわりの長さは何mですか。〔10点〕

しき

答え

5　池のまわりに，120mおきに木が15本うえてあります。この池のまわりの長さは何mですか。〔10点〕

しき

答え

©くもん出版

6 まわりの長さが40mの池があります。8m
おきに木をうえるとすると，木はぜんぶで何本
あればよいですか。　　　　　　　　　　　〔10点〕

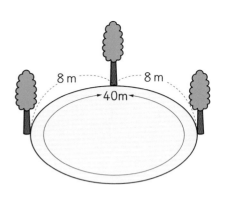

しき　　40 ÷ 8 =

答え

7 まわりの長さが48mのはたけがあります。6mおきにくいを立てて，か
きねをつくろうと思います。くいは，何本あればよいですか。　　　　〔10点〕

しき

答え

8 まわりの長さが63mの池があります。この池のまわりに，木を7本うえ
ようと思います。木と木の間の長さを同じにしてうえるには，何mおきにう
えればよいですか。　　　　　　　　　　　　　　　　　　　　　〔10点〕

しき

答え

9 まわりの長さが72mの池があります。この池のまわりに，木を8本うえ
ようと思います。木と木の間の長さを同じにしてうえるには，何mおきにう
えればよいですか。　　　　　　　　　　　　　　　　　　　　　〔10点〕

しき

答え

10 まわりの長さが96mの花だんがあります。この花だんのまわりに，3m
おきにチューリップのきゅうこんをうえようと思います。きゅうこんは，
何こあればよいですか。　　　　　　　　　　　　　　　　　　　〔10点〕

しき

答え

©くもん出版

もんだいをよく読んで，正しい式をかくことが大切だよ。

とく点　　　　点

46 いろいろなもんだい ⑪

〉はじめ〉	
時	分
〉〉おわり	
時	分

むずかしさ
★★★

月　日　名前

1　100cmのテープを，つぎの図のようにつなぎました。テープのはしから
はしまでの長さは何cmになりますか。　　　　　　　　　　　〔10点〕

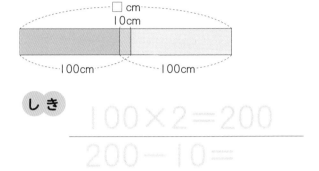

しき

$$100 \times 2 = 200$$
$$200 - 10 =$$

答え

2　100cmのテープを，つぎの図のようにつなぎました。テープのはしから
はしまでの長さは何cmになりますか。　　　　　　　　　　　〔15点〕

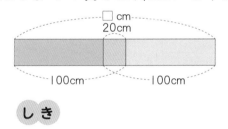

しき

答え

3　150cmのテープを，つぎの図のようにつなぎました。テープのはしから
はしまでの長さは何cmになりますか。　　　　　　　　　　　〔15点〕

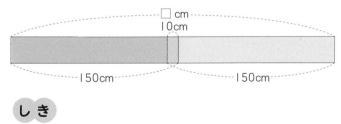

しき

答え

©くもん出版

4 180cmのテープを，つぎの図のようにつなぎました。テープのはしから
はしまでの長さは何cmになりますか。　　　　　　　　　　　　　〔20点〕

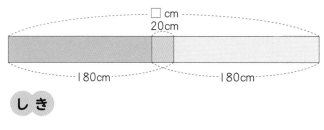

しき

答え

5 200cmのテープを，つぎの図のようにつなぎました。テープのはしから
はしまでの長さは何cmになりますか。　　　　　　　　　　　　　〔20点〕

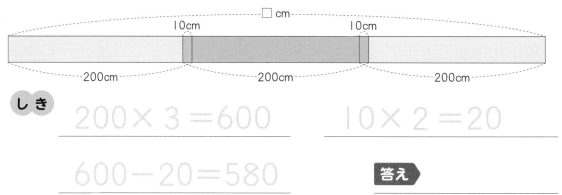

しき　　200×3＝600　　　　10×2＝20

600－20＝580　　　答え

6 50cmのテープを，つぎの図のようにつなぎました。テープのはしからは
しまでの長さは何cmになりますか。　　　　　　　　　　　　　〔20点〕

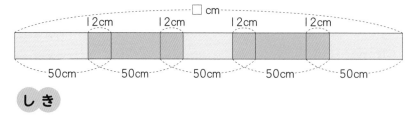

しき

答え

©くもん出版

もんだいをよく読み，正しい式をかいて，答えをもとめよう。

とく点

点

いろいろなもんだい ⑫

月　　日　名前

1　赤いおはじきと白いおはじきが，あわせて11こあります。赤いおはじきは，白いおはじきより1こ多いそうです。白いおはじきは何こありますか。

〔5点〕

しき
11 − 1 = 10
10 ÷ 2

赤
白 ⎱ ぜんぶで 11こ

答え

2　赤いおはじきと白いおはじきが，あわせて15こあります。赤いおはじきは，白いおはじきより3こ多いそうです。白いおはじきは何こありますか。

〔10点〕

しき

赤
白　3こ ⎱ ぜんぶで 15こ

答え

3　くりとかきを，あわせて30こりました。くりは，かきより14こ多いそうです。かきは何こですか。

〔15点〕

しき

答え

4　みかんとりんごが，あわせて32こあります。みかんは，りんごより4こ多いそうです。りんごは何こですか。

〔15点〕

しき

答え

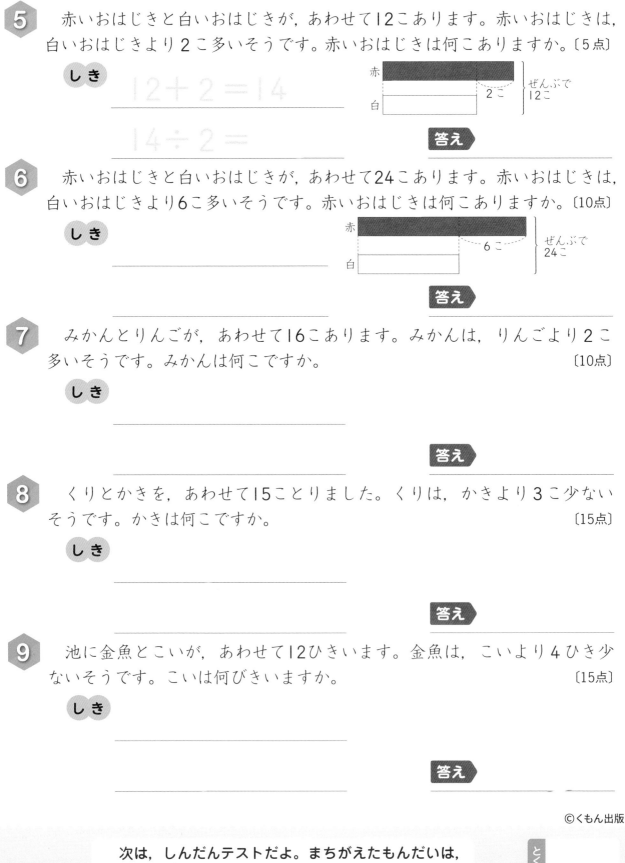

5 赤いおはじきと白いおはじきが，あわせて12こあります。赤いおはじきは，白いおはじきより2こ多いそうです。赤いおはじきは何こありますか。〔5点〕

しき

$$12 + 2 = 14$$

$$14 \div 2 =$$

赤
白
2こ
ぜんぶで
12こ

答え

6 赤いおはじきと白いおはじきが，あわせて24こあります。赤いおはじきは，白いおはじきより6こ多いそうです。赤いおはじきは何こありますか。〔10点〕

しき

赤
白
6こ
ぜんぶで
24こ

答え

7 みかんとりんごが，あわせて16こあります。みかんは，りんごより2こ多いそうです。みかんは何こですか。〔10点〕

しき

答え

8 くりとかきを，あわせて15こりました。くりは，かきより3こ少ないそうです。かきは何こですか。〔15点〕

しき

答え

9 池に金魚とこいが，あわせて12ひきいます。金魚は，こいより4ひき少ないそうです。こいは何びきいますか。〔15点〕

しき

答え

©くもん出版

次は，しんだんテストだよ。まちがえたもんだいは，もういちどやりなおしてみよう。

とく点

点

1 はるとさんの小学校には3年生が248人，4年生が326人います。

① 3年生と4年生，あわせて何人いますか。　〔5点〕

しき

答え

② 3年生と4年生の人数のちがいは何人ですか。　〔5点〕

しき

答え

2 サッカー場に5326人の人が来ました。そのうち，3567人がぼうしをかぶっていました。ぼうしをかぶっていない人は何人ですか。　〔10点〕

しき

答え

3 まりさんは午前9時25分に家を出て，図書かんに行きました。図書かんまで45分間かかりました。図書かんにつく時こくは午前何時何分ですか。〔10点〕

答え

4 1.8kgのトマトを，重さ340gのかごに入れました。全体の重さは何gになりますか。　〔10点〕

しき

答え

5 白いテープが3.7m，赤いテープが2.6mあります。どちらの色のテープが何m長いですか。　〔10点〕

しき

答え

©くもん出版

6 レンガを1回に25こずつ，16回はこびました。はこんだレンガの数は，ぜんぶで何こですか。　　　　　　　　　　　　　　　　　　　　　　　〔10点〕

しき

答え

7 りんごが48こあります。6こずつかごにのせるには，かごはいくついりますか。　　　　　　　　　　　　　　　　　　　　　　　　　　　　〔10点〕

しき

答え

8 子どもが54人います。8人ずつのはんを作ると，何ぱんできて何人あまりますか。　　　　　　　　　　　　　　　　　　　　　　　　　　　　〔10点〕

しき

答え

9 あめを12こずつ，16人にくばりました。あめはまだ45こあまっています。はじめ，あめは何こありましたか。　　　　　　　　　　　　　　　〔10点〕

しき

答え

10 赤いおはじきと白いおはじきが，あわせて14こあります。赤いおはじきは，白いおはじきより2こ多いそうです。赤いおはじきは何こですか。　　〔10点〕

しき

答え

©くもん出版

まちがえたところは，前のほうのページを見なおしてみよう。
もういちどやりなおして100点にしたらおしまいだよ。

とく点　　点

1 はるきさんの家から，えきまでの道のりは670m，デパートまでの道のりは1340mあります。家からえきまでと，家からデパートまでの道のりのちがいは，何mですか。 〔10点〕

しき

答え

2 1こ75円のおかしを27こ買いました。だい金はいくらですか。 〔10点〕

しき

答え

3 小さなバケツには，水が5dL入ります。大きなバケツには，小さなバケツの2倍の水が入り，水そうには，大きなバケツの4倍の水が入ります。水そうには，何Lの水が入りますか。 〔10点〕

しき

答え

4 トラックでキャベツを1回に375こずつ，25回はこびました。ぜんぶで何このキャベツをはこびましたか。 〔10点〕

しき

答え

5 7まいで56円の色紙があります。1まいあたり何円ですか。 〔10点〕

しき

答え

6 280gのはこに，みかんを10こ入れて，全体の重さをはかったところ，1kg150gでした。みかん10こ分の重さは何gですか。 〔10点〕

しき

答え

7 ひろとさんは午前9時に家を出て，山にのぼりました。山ちょうについて時計を見ると，午前11時でした。家から山ちょうまでにかかった時間はどれだけですか。 〔10点〕

答え

8 竹ひご6本のたばが8つありました。たばをほどいて，4本ずつのたばにつくりなおしました。竹ひごのたばはいくつになりましたか。 〔15点〕

しき

答え

9 道にそって，イチョウの木が1れつにうえられています。15mおきに50本うえてあります。はじめの木から，さい後の木までのきょりは，何mありますか。 〔15点〕

しき

答え

©くもん出版

まちがえたところは，前のほうのページを見なおしてみよう。
もういちどやりなおして100点にしたらおしまいだよ。

とく点　　点

3年生　文章題

※〔　〕は，ほかの式の立て方や答え方です。

1　2年生のふくしゅう ①　1・2ページ

1　28−16=12　　答え 12こ

2　72−36=36　　答え 36本

3　13cm7mm−9cm4mm=4cm3mm

　　　　　　　答え 4cm3mm

4　9+17=26，45−26=19

　〔または45−9=36，36−17=19〕

　　　　　　　答え 19まい

5　140−65=75　　答え 75円

6　156−88=68

　　　答え かいとさんのほうが68点多い。

7　3L 3dL+1L 4dL=4L 7dL

　　　　　　　答え 4L 7dL

8　67+81=148　　答え 148ページ

9　6×7=42　　答え 42本

10　7×8=56　　答え 56まい

とき方

3　同じたんいどうしで計算します。

5　図から，ひき算をつかえばよいこと
がわかります。

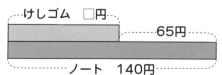

6　もんだい文が「どちらが何点多いで
すか。」なので，「〇が△点多い。」と答
えます。

2　2年生のふくしゅう ②　3・4ページ

1　91−43=48　　答え 48ページ

2　28+37=65〔37+28=65〕答え 65円

3　32−14=18，18+17=35 答え 35わ

4　123−75=48　　答え 48さつ

5　3L 6dL−2L 4dL=1L 2dL 答え 1L 2dL

6　125+56=181〔56+125=181〕

　　　　　　　答え 181もん

7　27cm3mm+16cm5mm=43cm8mm

　　　　　　　答え 43cm8mm

8　28+37=65　　答え 65本

9　8×7=56　　答え 56こ

10　9×7=63　　答え 63cm

とき方

1　きのうときょうで読んだページ数か
ら，きょう読んだページ数をひいても
とめます。

6　図から，たし算をつかえばよいこと
がわかります。

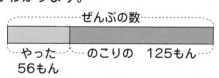

10　花だんのたての長さは，9cmのレン
ガ7こ分なので，9×7でもとめられま
す。

3 たし算とひき算 ①

5・6ページ

1 $240+250=490$　答え 490円

2 $450+85=535$　答え 535円

3 $135+122=257$　答え 257本

4 $450+680=1130$　答え 1130円

5 $178+169=347$　答え 347人

6 $359+486=845$　答え 845わ

7 $1723+175=1898$　答え 1898さつ

8 $2452+178=2630$　答え 2630人

9 $2486+1359=3845$　答え 3845こ

10 $3573+3428=7001$　答え 7001こ

ポイント

もんだい文に「あわせて」「ぜんぶで」「みんなて」があるときは，たし算になります。

とき方

2 はじめにもっていたお金に，お母さんからもらったお金をたすので，式は $450+85$ になります。ひっ算をするときは，位をそろえて計算します。

$$\begin{array}{r} 450 \\ +85 \\ \hline 535 \end{array}$$

4 たし算とひき算 ②

7・8ページ

1 $380-160=220$　答え 220ページ

2 $687-263=424$　答え 424人

3 $128-75=53$　答え 53まい

4 $178-169=9$

答え 3年生のほうが 9人多い。

5 $800-245=555$　答え 555円

6 $564-296=268$　答え 268こ

7 $2678-1253=1425$　答え 1425本

8 $5000-3400=1600$　答え 1600円

9 $1264-268=996$　答え 996人

10 $3782-2783=999$

答え おとなのほうが 999人多い。

ポイント

「のこりはいくつですか」や「ちがいはいくつですか」は，ひき算でもとめます。

とき方

9 子どもの人数から多かった分の人数をひくと，おとなの人数になります。

$$\begin{array}{r} 1264 \\ -268 \\ \hline 996 \end{array}$$

5 たし算とひき算 ③

9・10ページ

1 $240-176=64$　答え 64ページ

2 $175+179=354$　答え 354人

3 $548+497=1045$　答え 1045人

4 $5000-3680=1320$　答え 1320円

5 $263-185=78$　答え 78こ

6 $1264-866=398$　答え 398人

7 $3650-1760=1890$　答え 1890人

8 $1260+740=2000$　答え 2000円

⑨ 1150＋1980＝3130 **答え** 3130円

⑩ 3600－1970＝1630 **答え** 1630円

ポイント

もんだいをよく読んで，式（しき）がたし算になるかひき算になるかを考えましょう。

とき方

④ のこりの数をもとめるので，ひき算です。

```
  5000
 -3680
 ─────
  1320
```

⑨ 遠足のひ用は，バスだいと入園りょうをたした金がくです。

```
  1150
 +1980
 ─────
  3130
```

6	長さのもんだい	11・12ページ

① 300m＋500m＝800m **答え** 800m

② 400m＋200m＝600m **答え** 600m

③ 500m－300m＝200m **答え** 200m

④ 400m－200m＝200m **答え** 200m

⑤ ①700m＋300m＝1000m **答え** 1000m

②800m－500m＝300m **答え** 300m

⑥ 4km500m＋1km200m＝5km700m

答え 5km700m

⑦ 800m＋800m＝1km600m

答え 1km600m

⑧ 2km－1km200m＝800m

答え 800m

ポイント

1km＝1000mです。

とき方

① さおりさんの家から学校までの道のりと，学校から市やくしょまでの道のりをたします。

③ 道のりのちがいをもとめるので，ひき算で計算します。

⑥ 同じたんいどうしで計算します。たんいのkmとmを，書きまちがえないように気をつけましょう。

⑦ 800m＋800m＝1600m
　　　　　　＝1km600m

もんだい文が「何km何m歩きましたか。」なので，1600mではなく，1km600mと答えます。

⑧ 2km－1km200m
＝1km1000m－1km200m
＝800m

7	時こくと時間 ①	13・14ページ

① 16分

② 28分

③ 30分

④ 25分〔25分間〕

⑤ 40分〔40分間〕

⑥ 45分〔45分間〕

⑦ 10分〔10分間〕

⑧ 20分〔20分間〕

⑨ 30分〔30分間〕

⑩ 50分〔50分間〕

とき方

8　午前9時50分から午前10時までは10分，午前10時から午前10時10分までは10分なので，かかった時間は(10＋10＝)20分です。

※時計の長いはりが1目もり動く時間が1分です。時間の1分のことを1分間とも言います。

8　時こくと時間　②　15・16ページ

1　1時間
2　2時間
3　3時間
4　4時間
5　1時間
6　2時間
7　3時間
8　4時間
9　5時間
10　7時間

ポイント
みじかいはりが，どれだけ動いたかを考えます。

とき方

8　午前9時から午前12時(正午)までは3時間，午前12時(正午)から午後1時までは1時間なので，かかった時間は(3＋1＝)4時間です。午前から午後になるので，気をつけましょう。

※お昼の12時には
　・午前12時(午前11時の1時間後)
　・午後0時(午後1時の1時間前)
　・正午(とくべつな言い方)
　の3通りの言い方があります。

9　時こくと時間　③　17・18ページ

1　午前8時15分
2　午後4時45分
3　午後3時50分
4　午前10時55分
5　午前10時
6　午前11時
7　午前11時10分
8　午前11時20分
9　午後5時20分
10　午前10時20分

ポイント
答えに「午前」「午後」をつけるのをわすれないようにしましょう。

10　時こくと時間　④　19・20ページ

1　午前8時50分
2　午前9時45分
3　午後4時20分
4　午後4時
5　午後3時10分
6　午後3時
7　午後2時50分
8　午後2時40分
9　午前7時40分
10　午後1時45分

とき方

1　午前9時の10分前の時こくをもとめます。

7　午後3時20分の30分前の時こくをもとめます。午後3時20分の20分前は午後3時，午後3時の10分前が午後2時50分になります。

1　50分〔50分間〕

2　25分〔25分間〕

3　60分〔60分間，または1時間〕

4　58分〔58分間〕

5　50分〔50分間〕

6　1時間10分

7　1時間20分

8　1時間20分

9　1時間5分

10　1時間15分

ポイント

60分＝1時間です。

とき方

2　図をかくと，次のようになります。

0　　　　　　　　　　　　　　　　1時間

15分　10分

6　もんだい文が「何時間何分ですか。」
なので，70分ではなく，1時間10分
と答えます。

1　55秒〔55秒間〕

2　54秒〔54秒間〕

3　6秒〔6秒間〕

4　ようたさんのほうが2秒〔2秒間〕はやい。

5　1分5秒

6　1分42秒

7　10分15秒

8　58秒〔58秒間〕

9　ゆうたさんのほうが14秒〔14秒間〕長い。

ポイント

60秒＝1分です。

とき方

7　分と秒を分けて考えます。5分30秒
の4分後は9分30秒です。9分30秒
の45秒後は，30秒後が10分なので，
その15秒後は，10分15秒です。

8　1分8秒の10秒前の時間をもとめ
ます。1分8秒の8秒前が1分で，さ
らに，その2秒前なので，58秒です。

1　100g＋500g＝600g　答え　600g

2　150g＋700g＝850g　答え　850g

3　4kg＋8kg＝12kg　答え　12kg

4　1kg200g＋2kg500g＝3kg700g

答え　3kg700g

5　500g＋2kg300g＝2kg800g

答え　2kg800g

6　480g－100g＝380g　答え　380g

7　420g－250g＝170g　答え　170g

8　6kg－4kg＝2kg　答え　2kg

9　3kg400g－1kg100g＝2kg300g

答え　2kg300g

10　2kg500g－300g＝2kg200g

答え　2kg200g

ポイント

kgどうし，gどうして計算します。

とき方

2　かごの重さ（150g）に，たまごの重さ（700g）をたします。

7　全体の重さ（420g）から，かんの重さ（250g）をひいてもとめます。

9　重さのちがいはひき算でもとめます。大きい方から小さい方をひくので，式は3kg400g－1kg100gになります。

1　250g＋800g＝1050g

1050g＝1kg50g　答え　1kg50g

2　350g＋780g＝1130g

1130g＝1kg130g　答え　1kg130g

3　500g＋3kg700g＝4kg200g

答え　4kg200g

4　1kg300g＋2kg900g＝4kg200g

答え　4kg200g

5　2t＋8t＝10t　答え　10t

6　3t500kg＋2t＝5t500kg

答え　5t500kg

7　400kg＋600kg＝1000kg

1000kg＝1t　答え　1t

8　250kg＋800kg＝1050kg

1050kg＝1t50kg　答え　1t50kg

ポイント

1000g＝1kg，1000kg＝1tです。たんいのくり上がりに気をつけましょう。

とき方

2　もんだい文が「何kg何gですか。」なので，1130gではなく，1kg130gと答えます。

3　500g＋3kg700g＝3kg1200g
　　　　　　　　＝4kg200g

6　同じたんいどうして計算します。

1　$\frac{1}{5}+\frac{2}{5}=\frac{3}{5}$　　答え $\frac{3}{5}$ m

2　$\frac{1}{4}+\frac{2}{4}=\frac{3}{4}$　　答え $\frac{3}{4}$ L

3　$\frac{3}{8}+\frac{4}{8}=\frac{7}{8}$　　答え $\frac{7}{8}$ m

4　$\frac{3}{5}+\frac{2}{5}=1$　　答え 1 m

5　$\frac{4}{6}+\frac{1}{6}=\frac{5}{6}\left[\frac{1}{6}+\frac{4}{6}=\frac{5}{6}\right]$　　答え $\frac{5}{6}$ m

6　$\frac{1}{5}+\frac{3}{5}=\frac{4}{5}$　　答え $\frac{4}{5}$ L

7　$\frac{4}{7}+\frac{2}{7}=\frac{6}{7}$　　答え $\frac{6}{7}$ L

8　$\frac{4}{10}+\frac{5}{10}=\frac{9}{10}$　　答え $\frac{9}{10}$ m

9　$\frac{1}{8}+\frac{2}{8}+\frac{4}{8}=\frac{7}{8}$　　答え $\frac{7}{8}$ L

10　$\frac{1}{10}+\frac{3}{10}+\frac{5}{10}=\frac{9}{10}$　　答え $\frac{9}{10}$ m

ポイント

分母が同じ分数のたし算は，分母はそのままで，分子どうしをたします。

とき方

5　つかった長さとのこりの長さをたしてもとめます。

7　左のますには $\frac{4}{7}$ L，右のますには $\frac{2}{7}$ L入っています。

8　上のテープは $\frac{4}{10}$ m，下のテープは $\frac{5}{10}$ mです。

1　$\frac{3}{5}-\frac{1}{5}=\frac{2}{5}$　　答え $\frac{2}{5}$ m

2　$\frac{7}{8}-\frac{4}{8}=\frac{3}{8}$　　答え $\frac{3}{8}$ L

3　$\frac{7}{10}-\frac{4}{10}=\frac{3}{10}$　　答え $\frac{3}{10}$ L

4　$\frac{6}{9}-\frac{4}{9}=\frac{2}{9}$　　答え $\frac{2}{9}$ m

5　$\frac{8}{9}-\frac{6}{9}=\frac{2}{9}$　　答え $\frac{2}{9}$ m

6　$\frac{8}{9}-\frac{6}{9}=\frac{2}{9}$

答え ひまわりのほうが $\frac{2}{9}$ m高い。

7　$\frac{5}{7}-\frac{1}{7}=\frac{4}{7}$

答え しょうゆのほうを $\frac{4}{7}$ L 多くつかった。

8　$1-\frac{1}{4}=\frac{3}{4}$　　答え $\frac{3}{4}$ m

9　$1-\frac{1}{7}=\frac{6}{7}$　　答え $\frac{6}{7}$ L

10　$1-\frac{1}{8}-\frac{6}{8}=\frac{1}{8}$　　答え $\frac{1}{8}$ L

ポイント

答えに「m」や「L」を，つけわすれないように気をつけましょう。

とき方

8　はじめの長さ（1m）から，のこりの長さ $\left(\frac{1}{4}\text{m}\right)$ をひいてもとめます。

$1-\frac{1}{4}=\frac{4}{4}-\frac{1}{4}=\frac{3}{4}$

1 $0.4+0.1=0.5$ **答え** $0.5 L$

2 $0.4+0.5=0.9$ **答え** $0.9 m$

3 $0.2+0.1=0.3$ **答え** $0.3 L$

4 $0.7+0.2=0.9$ **答え** $0.9 m$

5 $0.3+0.7=1$ **答え** $1 L$

6 $0.5+0.8=1.3$ **答え** $1.3 m$

7 $1.8+2=3.8 (2+1.8=3.8)$

答え $3.8 m$

8 $3.2+0.6=3.8$ **答え** $3.8 cm$

9 $3+2.5+2.8=8.3$ **答え** $8.3 cm$

10 $1.2+0.8+0.5=2.5$ **答え** $2.5 kg$

ポイント

0.1が何こ分になるかを考えます。0.1が10こ分になると，1になります。

[とき方]

3 さとしさんがのんだりょうは，ひなたさんがのんだりょう（0.2L）に，多いりょう（0.1L）をたしてもとめます。

5 1.0ではなく，1とします。
$0.3+0.7=1.0=1$

6 くり上がりに気をつけて計算します。

9 3は3.0と考えて計算します。

1 $0.9-0.4=0.5$ **答え** $0.5 m$

2 $0.8-0.2=0.6$ **答え** $0.6 L$

3 $1.2-0.4=0.8$ **答え** $0.8 kg$

4 $1.5-0.8=0.7$ **答え** $0.7 L$

5 $1.2-0.7=0.5$ **答え** $0.5 m$

6 $1.4-0.9=0.5$

答え 赤いテープのほうが0.5m長い。

7 $1.5-0.7=0.8$

答え かんのほうに0.8kg多く入っている。

8 $9.6-1.4=8.2$ **答え** $8.2 cm$

9 $4-2.5=1.5$ **答え** $1.5 dL$

10 $2.1-1.3=0.8$ **答え** $0.8 L$

ポイント

小数は位をそろえて計算します。1は1.0のことで，0.1が10こ分あると考えます。

[とき方]

3 くり下がりに気をつけて計算します。

8 青いえんぴつの長さは，赤いえんぴつより1.4cmみじかいので，赤いえんぴつの長さ（9.6cm）から1.4cmをひいてもとめます。

9 4は4.0と考えて計算します。
$4-2.5=4.0-2.5=1.5$

19 小数の重さのもんだい 37・38ページ

1 200g＝0.2kg

0.2kg＋1kg＝1.2kg **答え** 1.2kg

2 800g＝0.8kg

0.8kg＋4kg＝4.8kg **答え** 4.8kg

3 300g＝0.3kg

0.3kg＋2.5kg＝2.8kg **答え** 2.8kg

4 200g＝0.2kg

1.6kg＋0.2kg＝1.8kg **答え** 1.8kg

5 500g＝0.5kg

3.6kg＋0.5kg＝4.1kg **答え** 4.1kg

6 200kg＝0.2t

1t＋0.2t＝1.2t **答え** 1.2t

7 600kg＝0.6t

0.6t＋1.3t＝1.9t **答え** 1.9t

8 700kg＝0.7t

0.7t＋5.4t＝6.1t **答え** 6.1t

ポイント
1kgを10等分した1こ分の重さが 0.1kgになります。

とき方

4 もんだい文が「何kgですか。」なので，200gをkgのたんいにしてから，たし算をします。

20 かけ算 ① 39・40ページ

1 30×4＝120 **答え** 120円

2 60×3＝180 **答え** 180円

3 50×4＝200 **答え** 200円

4 800×3＝2400 **答え** 2400円

5 4×10＝40 **答え** 40こ

6 5×10＝50 **答え** 50人

7 25×30＝750 **答え** 750円

8 30×12＝360 **答え** 360こ

9 45×16＝720 **答え** 720dL

10 95×21＝1995 **答え** 1995円

ポイント
だい金は，1つ分のねだん○に，買った 数△をかけて，○×△でもとめます。

とき方

3 50円の4こ分なので，式は50×4 になります。

9 ひっ算で計算するときは，位をそろえて書き，一の位からじゅんに計算します。くり上がりに気をつけましょう。

```
    4 5
×   1 6
  2 7 0
  4 5
  7 2 0
```

21 かけ算 ② 41・42ページ

1 8×30＝240 **答え** 240本

2 6×40＝240 **答え** 240本

3 5×32＝160 **答え** 160こ

4 $20 \times 18 = 360$ 答え 360円

5 $65 \times 37 = 2405$ 答え 2405円

6 $5 \times 36 = 180$ 答え 180まい

7 $85 \times 6 = 510$ 答え 510円

8 $80 \times 33 = 2640$ 答え 2640円

9 $285 \times 29 = 8265$ 答え 8265円

10 $75 \times 32 = 2400$, $2400cm = 24m$

答え 24m

ポイント

ぜんぶの数は，1つ分の数○に，△つ分をかけて，○×△でもとめます。

とき方

3 ぜんぶの数をもとめるので，式は5×32です。1人分の数（5）に，いくつ分（32）をかけます。

---

22 か け 算 ③　43・44ページ

1 $4 \times 2 \times 5 = 40$ 答え 40こ

2 $5 \times 3 \times 3 = 45$ 答え 45こ

3 $70 \times 5 \times 2 = 700$ 答え 700円

4 $50 \times 4 \times 12 = 2400$ 答え 2400円

5 $4 \times 6 \times 3 = 72$ 答え 72こ

6 $8 \times 2 \times 3 = 48$ 答え 48cm

7 $3 \times 3 \times 4 = 36$ 答え 36こ

8 $4 \times 3 \times 14 = 168$ 答え 168こ

ポイント

3つの数のかけ算です。まず，1人分（1つ分）が，いくつになるかを考えます。ある数の何倍かの数をもとめるときは，かけ算をつかいます。

とき方

1 まず，1人分のあめの数を考えます。1人分のあめの数は，$4 \times 2 = 8$（こ）で，5人分では，$8 \times 5 = 40$（こ）です。これを，1つの式にあらわすと，$4 \times 2 \times 5$になります。

6 まず，めいさんがあんだ長さをもとめます。めいさんがあんだ長さはいろはさんの2倍なので，$8 \times 2 = 16$(cm)です。つぎに，ひなさんがあんだ長さは，めいさんの3倍なので，$16 \times 3 = 48$(cm)です。これを，1つの式にあらわすと，$8 \times 2 \times 3$になります。

---

23 わ り 算 ①　45・46ページ

1 $6 \div 2 = 3$ 答え 3こ

2 $8 \div 2 = 4$ 答え 4まい

3 $6 \div 3 = 2$ 答え 2本

4 $12 \div 3 = 4$ 答え 4こ

5 $15 \div 3 = 5$ 答え 5本

6 $15 \div 5 = 3$ 答え 3本

7 $18 \div 3 = 6$ 答え 6こ

8 $24 \div 4 = 6$ 答え 6まい

9 $25 \div 5 = 5$ 答え 5cm

10 $28 \div 7 = 4$ 答え 4こ

ポイント

「1人分（1つ分）の数」をもとめると
きは，わり算をつかいます。わり算の答
えは，わる数のだんの九九をつかっても
とめます。

とき方

7　18このチョコレートを3ふくろに
　分けるので，式は18÷3になります。

24　わ　り　算　②　　47・48ページ

1　$6 \div 2 = 3$　　答え　3人

2　$8 \div 2 = 4$　　答え　4人

3　$6 \div 3 = 2$　　答え　2人

4　$12 \div 3 = 4$　　答え　4まい

5　$12 \div 4 = 3$　　答え　3つ

6　$15 \div 3 = 5$　　答え　5人

7　$15 \div 5 = 3$　　答え　3人

8　$18 \div 3 = 6$　　答え　6人

9　$24 \div 6 = 4$　　答え　4つ

10　$32 \div 8 = 4$　　答え　4本

ポイント

「分けられる数」をもとめるときは，わ
り算をつかいます。

とき方

4　12こを3こずつ分けるので，式は
　12÷3になります。

25　わ　り　算　③　　49・50ページ

1　$21 \div 3 = 7$　　答え　7本

2　$21 \div 3 = 7$　　答え　7人

3　$30 \div 5 = 6$　　答え　6L

4　$40 \div 8 = 5$　　答え　5円

5　$72 \div 8 = 9$　　答え　9つ

6　$40 \div 8 = 5$　　答え　5まい

7　$3L = 30dL$，$30 \div 6 = 5$　答え　5dL

8　$2L = 20dL$，$20 \div 5 = 4$　答え　4日

9　$1L \ 8dL = 18dL$，$18 \div 2 = 9$　答え　9本

10　$5cm \ 4mm = 54mm$，$54 \div 6 = 9$

答え　9mm

とき方

3　30Lを5つに分けるので，式は
　30÷5になります。

7　1L＝10dLなので，3L＝30dLです。

8　ぜんぶのりょう（2L）を，1日にの
　むりょう（5dL）でわってもとめます。
　2L＝20dLにして計算します。

10　6さつで5cm4mmなので，1さつ
　のあつさは，わり算でもとめます。
　1cm＝10mmなので，
　5cm4mm＝54mmです。

1　20÷3＝6あまり2　答え　2こあまる。

2　30÷4＝7あまり2　答え　2まいあまる。

3　27÷6＝4あまり3

　答え　1ふくろは4こで，3こあまる。

4　40÷7＝5あまり5

　答え　1人分は5こで，5こあまる。

5　27÷6＝4あまり3

　答え　1つの入れものに4ひき入り，

　　　　3びきあまる。

6　20÷3＝6あまり2　答え　2こあまる。

7　30÷4＝7あまり2　答え　2まいあまる。

8　36÷8＝4あまり4

　答え　4ふくろできて，4まいあまる。

9　75÷8＝9あまり3

　答え　9人に分けられて，3cmあまる。

10　65÷7＝9あまり2

　答え　9つできて，2こあまる。

ポイント

あまりは，わる数より小さくなります。

とき方

4　もんだい文にあわせて，「1人分は
　○こで，△こあまる。」と答えます。

1　45÷6＝7あまり3

　答え　7人に分けられて，3こあまる。

2　60÷9＝6あまり6

　答え　6人にくばることができて，6本あ
　　　　まる。

3　38÷8＝4あまり6

　答え　4まいずつ分けて，6まいあまる。

4　60÷7＝8あまり4

　答え　1人8わおって，4まいのこる。

5　38÷6＝6あまり2

　答え　6つあればよく，2ひきのこる。

6　25÷4＝6あまり1　答え　6まい

7　50÷6＝8あまり2　答え　8さつ

8　26÷4＝6あまり2　答え　7そう

9　30÷8＝3あまり6　答え　4まい

10　50÷6＝8あまり2　答え　9はこ

とき方

1　答えは「○人に分けられて，△こあ
　まる。」とかきます。

6　あまりの1この画びょうでは，絵を
　はることができないので，答えは6ま
　いになります。

8　「みんなのるには，ボートは何そう
　いりますか。」なので，あまりの2人
　をのせるために，あと1そうボートが
　ひつようです。答えは，6＋1＝7（そ
　う）になります。

| 28 | わ り 算 ⑥ | 55・56ページ |

1. $45 \div 5 = 9$　　　答え 9人
2. $48 \div 6 = 8$　　　答え 8人
3. $60 \div 6 = 10$　　　答え 10人
4. $40 \div 2 = 20$　　　答え 20こ
5. $42 \div 2 = 21$　　　答え 21本
6. $36 \div 3 = 12$　　　答え 12まい
7. $96 \div 3 = 32$　　　答え 32わ
8. $2L = 20dL$, $20 \div 4 = 5$　　答え 5日
9. $8L 4dL = 84dL$, $84 \div 4 = 21$

答え 21本

10. $6cm 9mm = 69mm$, $69 \div 3 = 23$

答え 23mm

| 29 | わ り 算 ⑦ | 57・58ページ |

1. $30 \div 6 = 5$　　　答え 5倍
2. $15 \div 5 = 3$　　　答え 3倍
3. $24 \div 8 = 3$　　　答え 3倍
4. $32 \div 8 = 4$　　　答え 4倍
5. $30 \div 5 = 6$　　　答え 6倍
6. $27 \div 9 = 3$　　　答え 3倍
7. $35 \div 7 = 5$　　　答え 5倍
8. $36 \div 6 = 6$　　　答え 6倍
9. $12 \div 6 = 2$　　　答え 2倍
10. $28 \div 7 = 4$　　　答え 4倍

ポイント

「何倍になるか」をもとめるときは，わり算をつかいます。答えに「倍」を，つけわすれないように気をつけましょう。

| 30 | □をつかった式 ① | 59・60ページ |

1. $□ + 50 = 150$
2. $□ + 24 = 50$
3. $35 + □ = 80$
4. $8 + □ = 32$
5. $□ + 35 = 62$, $62 - 35 = 27$　答え 27わ
6. $□ + 280 = 430$, $430 - 280 = 150$

答え 150g

7. $25 + □ = 32$, $32 - 25 = 7$　答え 7人
8. $73 + □ = 82$, $82 - 73 = 9$　答え 9cm

ポイント

わからない数のかわりに，□をつかって式にあらわします。□をつかった式がたし算のとき，□はひき算をつかってもとめます。

とき方

3　きのうまで

35cm　　きょう□cm

ぜんぶで80cm

6　あぶら280g　　かん□g

ぜんぶで430g

31　□をつかった式　②　61・62ページ

1　□−15＝35

2　□−12＝40

3　□−9＝28

4　□−120＝340

5　□−65＝180，180＋65＝245

　　　　　答え 245ｇ

6　□−36＝23，23＋36＝59　　**答え** 59人

7　□−70＝255，255＋70＝325

　　　　　答え 325円

とき方

2　　図にあらわすと，つぎのようになります。□はたし算をつかってもとめます。

```
弟にあげた
 12まい        のこり40まい
├──────┼────────────┤
      はじめに□まい
```

6　　図にあらわすと，つぎのようになります。□はたし算をつかってもとめます。

```
おりた人数      のこりの人数
  36人           23人
├──────┼────────────┤
   はじめにのっていた人数□人
```

32　□をつかった式　③　63・64ページ

1　40−□＝25

2　32−□＝17

3　1000−□＝370

4　400−□＝285

5　32−□＝12，32−12＝20　**答え** 20まい

6　66−□＝30，66−30＝36　**答え** 36cm

7　500−□＝135，500−135＝365

　　　　　答え 365円

8　210−□＝185，210−185＝25

　　　　　答え 25まい

とき方

2　　図にあらわすと，つぎのようになります。□はひき算をつかってもとめます。

```
あげた□本      のこり17本
├──────┼────────────┤
        32本
```

6　　図にあらわすと，つぎのようになります。□はひき算をつかってもとめます。

```
つかった□cm    のこり30cm
├──────┼────────────┤
        66cm
```

33 □をつかった式 ④ 65・66ページ

1 □×4＝20

2 □×5＝100

3 □×5＝300

4 80×□＝240

5 6×□＝54

6 □×5＝20，20÷5＝4　答え 4まい

7 □×5＝400，400÷5＝80　答え 80円

8 8×□＝32，32÷8＝4　答え 4まい

9 7×□＝56，56÷7＝8　答え 8本

ポイント
□をつかった式がかけ算のとき，□はわり算をつかってもとめます。

とき方

3 【1さつの重さ】×【ノートの数】
＝【ぜんぶの重さ】です。

5 【1人にくばった数】×【人数】
＝【ぜんぶのこ数】です。

---

34 □をつかった式 ⑤ 67・68ページ

1 □÷4＝3

2 □÷3＝4

3 □÷5＝6

4 □÷7＝5

5 □÷5＝8

6 □÷5＝8，5×8＝40　答え 40まい

7 □÷8＝5，5×8＝40　答え 40まい

---

8 □÷3＝9，3×9＝27　答え 27こ

9 □÷9＝3，3×9＝27　答え 27こ

とき方

3 【はじめの長さ】÷【1つ分の長さ】＝
【本数】です。

8 【はじめの数】÷【1人分の数】＝【人
数】です。□はかけ算をつかってもと
めます。

---

35 □をつかった式 ⑥ 69・70ページ

1 45÷□＝9

2 32÷□＝4

3 18÷□＝9

4 42÷□＝6

5 24÷□＝8

6 12÷□＝4，12÷4＝3　答え 3びき

7 20÷□＝5，20÷5＝4　答え 4つ

8 72÷□＝8，72÷8＝9　答え 9ページ

9 45÷□＝5，45÷5＝9　答え 9本

とき方

3 【全体のりょう】÷【1本分のりょ
う】＝【本数】です。

8 【ぜんぶのページ数】÷【1日のペー
ジ数】＝【日数】です。□はわり算をつ
かってもとめます。

1 ①6＋7＝13　　**答え** 13台

②15＋13＝28　　**答え** 28台

2 6＋8＝14, 19＋14＝33　**答え** 33こ

3 17＋7＝24, 27＋24＝51　**答え** 51わ

4 14＋19＝33, 18＋33＝51　**答え** 51わ

5 25＋17＝42, 49＋42＝91　**答え** 91こ

6 67＋59＝126, 124＋126＝250

答え 250まい

7 129＋95＝224, 386＋224＝610

答え 610人

8 512＋647＝1159, 1968＋1159＝3127

答え 3127円

ポイント

図にあらわして，じゅん番に式を考えます。

とき方

2

はじめの数□こ

のこり19こ　　8こ　　6こ

　はじめの数をもとめるには，まず，食べたあめの数をもとめ（6+8），つぎに，のこりの数（19）と食べたあめの数（14）をたします。

---

1 ①60＋80＝140　　**答え** 140円

②210－140＝70　　**答え** 70円

2 ①70＋40＝110　　**答え** 110円

②230－110＝120　　**答え** 120円

3 36＋27＝63, 102－63＝39

答え 39まい

4 120＋115＝235, 400－235＝165

答え 165円

5 27＋7＝34, 43－34＝9　**答え** 9人

6 28＋23＝51, 100－51＝49

答え 49まい

7 840＋430＝1270, 2050－1270＝780

答え 780円

とき方

3　図にあらわすと，つぎのようになります。

赤36まい　黄27まい　青□まい

ぜんぶで102まい

　青い色紙のまい数をもとめるには，まず，赤い色紙と黄色い色紙をあわせたまい数（36＋27）をもとめ，その数を，ぜんぶのまい数（102）からひきます。

---

1 ① 5×4＝20 　　答え 20まい

　　② 30＋20＝50 　　答え 50まい

2 ① 6×7＝42 　　答え 42こ

　　② 18＋42＝60 　　答え 60こ

3 　2×10＝20，3＋20＝23

　　　　　　　　答え 23こ

4 　4×15＝60，21＋60＝81

　　　　　　　　答え 81まい

5 　45×12＝540，170＋540＝710

　　　　　　　　答え 710円

6 　76×5＝380，500－380＝120

　　　　　　　　答え 120円

7 　145×11＝1595，

　　2000－1595＝405　　答え 405円

8 　25×14＝350，350－21＝329

　　　　　　　　答え 329まい

とき方

2 　　図にあらわすと，つぎのようになります。

　　はじめの数をもとめるには，まず，あげた風せんの数を，かけ算（6×7）でもとめます。つぎに，のこりの数（18）と，あげた風せんの数（42）をたします。

1 ① 27÷3＝9 　　答え 9まい

　　② 5＋9＝14 　　答え 14まい

2 ① 16÷2＝8 　　答え 8はち

　　② 4＋8＝12 　　答え 12はち

3 　48÷4＝12，5＋12＝17

　　　　　　　　答え 17人

4 　72÷8＝9，9－2＝7

　　　　　　　　答え 7ふくろ

5 　66÷3＝22，25－22＝3

　　　　　　　　答え 3つ

6 　18÷2＝9，25＋9＝34

　　　　　　　　答え 34まい

7 　21÷3＝7，36＋7＝43

　　　　　　　　答え 43こ

とき方

3 　　みかんをくばった子どもの数を，わり算（48÷4）でもとめます。つぎに，みかんをまだもらっていない子どもの数（5）と，みかんをくばった子どもの数（12）をたします。

5 　　なしを入れたかごの数を，わり算（66÷3）でもとめます。つぎに，はじめのかごの数（25）から，なしを入れたかごの数（22）をひきます。

40 いろいろなもんだい ⑤ 79・80ページ

1 15−6＝9 　答え 9こ

2 ①8＋7＝15 　答え 15こ

②15−6＝9 　答え 9こ

3 15＋7＝22, 22−12＝10 答え 10こ

4 13＋9＝22, 22−8＝14 答え 14本

5 22＋15＝37, 37−19＝18 答え 18まい

6 17＋24＝41, 41−23＝18 答え 18わ

7 38＋62＝100, 100−24＝76 答え 76人

とき方

3

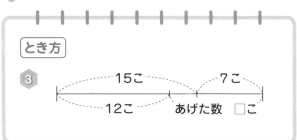

41 いろいろなもんだい ⑥ 81・82ページ

1 24÷6＝4 　答え 4こ

2 ①3＋2＝5 　答え 5人

②25÷5＝5 　答え 5こ

3 3＋4＝7, 21÷7＝3 答え 3まい

4 4＋2＝6, 30÷6＝5 答え 5こ

5 ①2×4＝8 　答え 8こ

②40÷8＝5 　答え 5円

6 3×2＝6, 42÷6＝7 答え 7円

7 2×3＝6, 66÷6＝11 答え 11こ

8 2×4＝8, 88÷8＝11 答え 11円

とき方

3

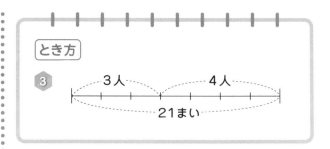

42 いろいろなもんだい ⑦ 83・84ページ

1 6×4＝24, 24÷8＝3 　答え 3こ

2 12×3＝36, 36÷6＝6 　答え 6本

3 8×3＝24, 24÷4＝6 　答え 6人

4 30×2＝60, 60÷6＝10 　答え 10わ

5 7×9＝63, 63÷3＝21 　答え 21たば

6 27÷3＝9, 9×5＝45 　答え 45円

7 36÷3＝12, 12×12＝144 答え 144g

8 45÷5＝9, 450×9＝4050

答え 4050円

9 18÷2＝9, 9÷3＝3 答え 3こ

10 48÷4＝12, 16×12＝192

〔または16×48＝768, 768÷4＝192〕

答え 192まい

とき方

2 　1ダースが12本なので，えんぴつぜんぶの数は，12×3になります。その数を，人数（6）でわります。

6 　竹ひご1本のねだんを，27÷3でもとめます。つぎに，その1本のねだんに，本数（5）をかけます。

1　40×2＝80

　　80×3＝240

　　80＋240＝320　　答え 320円

2　15×4＝60, 12×4＝48

　　60＋48＝108　　答え 108こ

3　90×12＝1080

　　35×15＝525

　　1080＋525＝1605　答え 1605円

4　235×14＝3290

　　350×11＝3850

　　3290＋3850＝7140　答え 7140円

5　95×16＝1520, 45×25＝1125,

　　1520－1125＝395　答え 395円

6　5×7＝35, 5×5＝25,

　　35－25＝10　　答え 10こ

7　32÷8＝4, 48÷8＝6,

　　6－4＝2　　答え 2まい

8　72÷9＝8, 36÷6＝6,

　　8－6＝2　　答え 2円

とき方

2　黒いご石と白いご石の数をそれぞれ
もとめて, たします。黒いご石の数は,
15こが4れつ分なので15×4, 白い
ご石の数は, 12こが4れつ分なので
12×4になります。

7　それぞれのまい数をわり算でもとめ,
多い方から少ない方をひきます。

1　10×3＝30　　　　答え 30m

2　10×4＝40　　　　答え 40m

3　15×5＝75　　　　答え 75m

4　7－1＝6, 10×6＝60　答え 60m

5　9－1＝8, 18×8＝144　答え 144m

6　25－1＝24, 12×24＝288 答え 288m

7　7－1＝6, 4×6＝24　答え 24こ

8　15－1＝14, 13×14＝182 答え 182秒

ポイント

「ならんでいるものの間のきょり」×「間
の数」でもとめます。

とき方

4　ものが1れつにならんでいる場合,
「間の数」は,「ならんでいるものの
数－1」でもとめます。

ならんでいるものの数

間の数

1 $10 \times 5 = 50$ 　　答え 50m

2 $25 \times 8 = 200$ 　　答え 200m

3 $15 \times 7 = 105$ 　　答え 105m

4 $18 \times 24 = 432$ 　　答え 432m

5 $120 \times 15 = 1800$ 　　答え 1800m

6 $40 \div 8 = 5$ 　　答え 5本

7 $48 \div 6 = 8$ 　　答え 8本

8 $63 \div 7 = 9$ 　　答え 9m

9 $72 \div 8 = 9$ 　　答え 9m

10 $96 \div 3 = 32$ 　　答え 32こ

ポイント

ものが池や公園などのまわりにならんでいる場合，44回とはちがい「間の数」＝「ならんでいるものの数」となります。

とき方

3

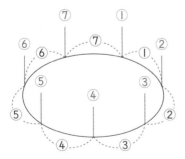

1 $100 \times 2 = 200$

$200 - 10 = 190$ 　　答え 190cm

2 $100 \times 2 = 200$

〔または$100 + 100 = 200$〕

$200 - 20 = 180$ 　　答え 180cm

3 $150 \times 2 = 300$

〔または$150 + 150 = 300$〕

$300 - 10 = 290$ 　　答え 290cm

4 $180 \times 2 = 360$

〔または$180 + 180 = 360$〕

$360 - 20 = 340$ 　　答え 340cm

5 $200 \times 3 = 600$

$10 \times 2 = 20$

$600 - 20 = 580$ 　　答え 580cm

6 $50 \times 5 = 250$

$12 \times 4 = 48$

$250 - 48 = 202$ 　　答え 202cm

ポイント

つなぎあわせたテープの長さは，たしたテープの長さから，かさなっているぶ分の長さをひいてもとめます。

とき方

6 　何本かつなぎあわせたときの全体の長さは，かさなっているぶ分の長さの合計を，たしたテープの長さからひいてもとめます。

1　11−1＝10，10÷2＝5　　**答え** 5こ

2　15−3＝12，12÷2＝6　　**答え** 6こ

3　30−14＝16，16÷2＝8　　**答え** 8こ

4　32−4＝28，28÷2＝14　　**答え** 14こ

5　12＋2＝14，14÷2＝7　　**答え** 7こ

6　24＋6＝30，30÷2＝15　　**答え** 15こ

7　16＋2＝18，18÷2＝9　　**答え** 9こ

8　15＋3＝18，18÷2＝9　　**答え** 9こ

9　12＋4＝16，16÷2＝8　　**答え** 8ぴき

ポイント

**少ない方の数は，あわせた数からちがい
の数をひき，その数を2でわってもとめ，
多い方の数は，あわせた数にちがいの数
をたし，その数を2でわってもとめます。**

とき方

2　赤いおはじきは白いおはじきより3
　　こ多いので，白いおはじきの数の方が
　　少ないです。

7　みかんはりんごより2こ多いので，
　　みかんの数の方が多いです。

1　①248＋326＝574　　**答え** 574人

　　②326−248＝78　　**答え** 78人

2　5326−3567＝1759　　**答え** 1759人

3　午前10時10分

4　1.8kg＝1800g

　　1800g＋340g＝2140g　**答え** 2140g

5　3.7−2.6＝1.1

　　答え 白いテープのほうが1.1m長い。

6　25×16＝400　　　　　**答え** 400こ

7　48÷6＝8　　　　　　**答え** 8つ

8　54÷8＝6あまり6

　　答え 6ぱんできて，6人あまる。

9　12×16＝192

　　192＋45＝237　　　　**答え** 237こ

10　14＋2＝16，16÷2＝8　**答え** 8こ

1　1340m−670m＝670m　**答え** 670m

2　75×27＝2025　　　　**答え** 2025円

3　5×2×4＝40，40dL＝4L

　　〔または，5dL＝0.5L，0.5×2×4＝4〕

　　　　　　　　　　　　答え 4L

4　375×25＝9375　　　**答え** 9375こ

5　56÷7＝8　　　　　　**答え** 8円

6　1kg150g＝1150g

　　1150g−280g＝870g　**答え** 870g

7　2時間

8　6×8＝48，48÷4＝12　**答え** 12

9　50−1＝49，15×49＝735

　　　　　　　　　　　　答え 735m